U0182800

Flash CS5 动画项目实训教程

主　编　杨雨新　李玉会
副主编　邢俊华　肖　爽

合肥工业大学出版社

图书在版编目(CIP)数据

Flash CS5 动画项目实训教程/杨雨新,李玉会主编 . —合肥:合肥工业大学出版社,2022.8
ISBN 978 - 7 - 5650 - 5865 - 3

Ⅰ.①F…　Ⅱ.①杨…②李…　Ⅲ.①动画制作软件—教材　Ⅳ.①TP391.414

中国版本图书馆 CIP 数据核字(2022)第 154064 号

Flash CS5 动画项目实训教程

杨雨新　李玉会　主编　　　　　　　　　　责任编辑　孙南洋

出　版	合肥工业大学出版社	版　次	2022 年 8 月第 1 版
地　址	合肥市屯溪路 193 号	印　次	2022 年 8 月第 1 次印刷
邮　编	230009	开　本	889 毫米×1194 毫米　1/16
电　话	人文社科出版中心:0551 - 62903200	印　张	14.25
	营销与储运管理中心:0551 - 62903198	字　数	427 千字
网　址	www.hfutpress.com.cn	印　刷	安徽联众印刷有限公司
E-mail	hfutpress@163.com	发　行	全国新华书店

ISBN 978 - 7 - 5650 - 5865 - 3　　　　　　　　　　定价：42.00 元

为贯彻全国职教会议精神，推进现代职教体系建设，加大技术技能型人才的培养，充分体现"以服务为宗旨，以就业为导向，以能力为本位"的职业教育办学特点，本书依据职业岗位需求对《图形图像处理》课程的教学要求，以目前常用的图形图像处理软件 Flash CS5 为蓝本，采用项目教学模式而编写的。本书通过丰富的情景设定引出项目，通过每个项目的若干任务来完整地学习 Flash CS5 动画处理技术。

本书的编写特点是通过 12 个项目的完成过程引出与之相关的知识点，每个项目目标的实现是在若干个任务的操作过程中完成的。每个项目由项目目标、若干任务的操作步骤、拓展训练、总结与回顾、项目相关习题组成。在任务的操作过程中以"相关知识"的形式穿插了操作中用到的与项目目标有关的知识点。本书的编写以"必须、够用"为原则，力求降低理论难度，加大技能操作强度，形成练中学，学中总结、提升，直至灵活掌握软件的使用。通过提供的"小提示""项目相关习题"等特色模块来巩固加深所学内容。

本书包括 12 个项目，项目 1 为 Flash CS5 概述；项目 2 通过介绍绘制圆形水晶按钮、漂亮小屋、给比卡丘添加颜色、制作折扇来诠释 Flash CS5 绘制与填充图形；项目 3 通过介绍绘制星星、制作彩虹字来阐释如何用 Flash CS5 编辑图形及输入文本；项目 4 通过介绍如何制作倒计时动画、跳跳兔动画及翻动书页来阐释 Flash CS5 动画基础及逐帧动画；项目 5 通过介绍元件的运用、形状补间动画制作、飞行的飞机动画制作、遮罩动画制作来阐释 Flash CS5 创建元件与补间动画；项目 6 通过介绍文本的滤镜特效、调整图片颜色、使用动画预设、使用动画编辑器来阐释 Flash CS5 创建动画特殊效果；项目 7 通过介绍制作 3DBOX、3D 旋转工具的应用、3D 平移工具的应用、Deco 工具的使用来阐释 Adobe Flash CS5 中新增的 3D 功能；项目 8 通过介绍 ActionScript 3.0 控制图像放大缩小动画、利用 Flash CS5 AS 3.0

构建幻灯片效果、制作鼠标跟随效果来阐释 ActionScript 3.0 的基础知识；项目 9 通过介绍制作配乐按钮动画、制作"森林的乐章"、制作电视片头、制作视频播放器播放影片来阐释 Flash CS5 声音与视频的编辑；项目 10、项目 11 介绍了 Flash CS5 的综合运用实例；项目 12 介绍了 Flash CS5 动画的输出与发布。

    本书由杨雨新、李玉会主编，邢俊华、肖爽副主编。由于作者水平有限，书中难免存在不妥之处，敬请广大读者批评指正。

编者

2022 年 5 月

项目 1 Flash CS5 概述

　　Flash 最早是美国 Macromedia 公司推出的矢量动画和多媒体创作软件，用于网页设计和多媒体创作等领域，功能非常强大。自从 Adobe 公司收购了 Macromedia 公司的全部产品以后，Adobe 公司推出了 Flash 的最新版本 Flash CS5，Flash CS5 是 Flash 的第 10 个版本。使用 Flash CS5，可以轻松创建网页动态内容以及多媒体内容。

　　众所周知，世界上 97％的计算机上都安装有 Flash Player（Flash 动画播放器），利用包含 Flash 创作工具、渲染引擎和已建立的超过 200 万的设计者和开发者群体的 Flash 平台，能制作出各种各样的 Flash 动画。这种动画的体积要比位图动画（如 GIF 动画）的体积小很多，用户不但可以在动画中加入声音、视频和位图图像，还可以制作交互式的影片或具有完备功能的网站。在网站制作过程中，Flash CS5 可以与 Dreamweaver、Fireworks、Photoshop、Illustrator 等 CS4 系列软件有效配合，简化工作流程，高效地制作内容更丰富、交互性更强的网站。

项目目标

● 理解 Flash CS5 界面与基本概念。
● 了解 Flash CS5 新增功能。
● 掌握 Flash CS5 文档设置。
● 熟练掌握 Flash CS5 基本设置。

任务 1 初识 Flash CS5 界面

　　Flash 的窗口界面是完成动画制作的工作环境，只有全面了解操作 Flash 窗口界面的组成和功能，才能熟练掌握相关操作，制作出丰富多彩的精美动画。

任务描述

　　启动 Flash CS5 后，进入主工作界面后，该界面与之前版本的界面相比，有了一些变化，即其与其他 Adobe Creative Suite CS5 组件具有一致的外观，从而可以帮助用户更容易地使用多个应用程序，且 Flash CS5 在功能上有了很大的提高，本任务详细介绍打开 Flash CS5 新增功能与其界面。

任务目标与分析

　　启动 Flash CS5，熟悉 Flash CS5 的界面布局。其把菜单栏放到了窗口的顶部，使得工作区域更整洁，画布的面积更大，并改进了工具的交互，便于操作，如图1-1所示。

图1-1　Flash CS5开始页界面

操作步骤

1. Flash CS5 的启动

启动 Flash CS5 的方法有以下 3 种。

① 双击桌面桌面上 Flash CS5 的快捷方式图标 ，打开 Flash CS5 的开始页。

② 执行"开始"→"所有程序"→"Adobe Flash CS5 Professional"命令。

③ 通过打开一个 Flash CS5 的动画文档，启动 Flash CS5。

如果用户不打开任何文档就运行 Flash CS5，便会出现开始页，可以轻松地访问经常使用的操作。

2. 开始页界面

开始页包含以下 4 个区域。

① 打开最近的项目：用来打开最近使用过的文档。单击"打开"图标，在弹出的"打开文件"对话框中可以选择要打开的文件。

② 新建：新建区域列出了 Flash 文件类型，如 Flash 文件类型，如 Flash 文档、ActionScript 文件和 Flash 项目等。

③ 从模板创建：此区域列出了创建新的 Flash 文档最常用的模板。单击所需模板可以创建新的文件。

④ 扩展：此区域链接到 Macromedia Flash Exchange Web 站点，通过该点可以下载 Flash 辅助应用程序、扩展功能以及相关信息。

3. Flash CS5 主界面

在开始页"新建"区域中，单击某一选项，如"Flash 文件（ActionScript 3.0)"，可打开 Flash CS5

的工作界面，如图 1-2 所示。从图中可以看出，Flash CS5 的工作环境和其他程序很相似，包括标题栏、菜单栏、工具面板、编辑区和属性面板等。

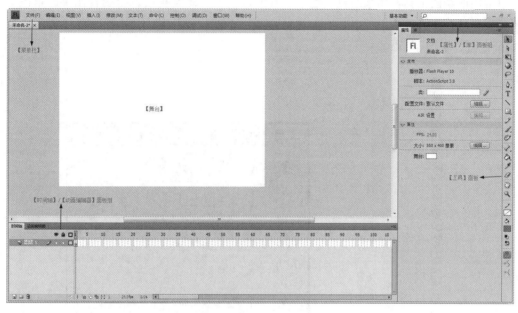

图 1-2　Flash CS5 主界面

（1）标题栏

在标题栏中可以通过"最小化"按钮、"最大化/还原"按钮和"关闭"按钮对窗口进行相应的操作。在标题栏中有一个"基本功能"按钮 基本功能 ▼，单击此按钮可打开其下拉菜单，如图 1-3 所示。根据动画制作的需要可以从中预设工作区的多种布局。

工作区的布局增加为 6 种，分别是"动画""传统""调试""设计人员""开发人员"和"基本功能"，其中 Flash 默认的布局为"基本功能"，如图 1-2 所示。

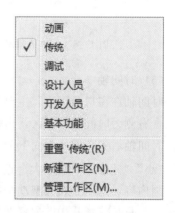

图 1-3　基本功能下拉菜单

（2）菜单栏

在 Flash CS5 中共有 11 个菜单，用于执行 Flash CS5 常用命令的操作，由文件、编辑、视图、插入、修改、文本、命令、控制、调试、窗口和帮助等组成。每个菜单都有一组命令。Flash CS5 中的所有命令都可在相应的菜单中找到。

（3）主工具栏

默认打开的工作界面没有主工具栏，选择"窗口"→"工具栏"→"主工具栏"选项，可显示或隐藏主工具栏，如图 1-4 所示。

图 1-4　主工具栏

主工具栏主要是完成动画文件的基本操作（如新建、打开、保存等）以及一些基本的图形控制操作（如平滑、对齐、旋转和缩放等）。

（4）"工具"面板

在 Flash CS5 中，"工具"面板默认位于窗口的右侧，呈长单条状态，如图1-5所示，其中列出了 Flash CS5 中常用的绘图工具，用来绘制、涂色、修改放选择插图及更改舞台的视图等。单击"工具"面板上的 区域，即可将整个"工具"面板转换成一个图标 ，单击 可以打开其子菜单，从中选择需要使用的工具，如图1-6所示。

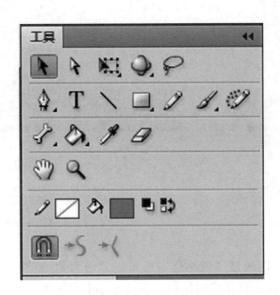

图1-5 长单条显示 图1-6 "工具"图标的子菜单

（5）时间轴

时间轴在窗口最下边，主要用于创建动画和控制动画的播放等。时间轴分为左右两部分，左侧为图层区，右侧为时间线控制区，由播放指针、帧、时间轴标尺及状态组成，如图1-7所示。

时间轴右上角有一个向下的小箭头 ，单击它可打开时间轴的样式选项，如图1-8所示。使用"很小""小""标准""中""大"选项可以改变时间轴帧的宽度，"预览"是在帧格里以非正常比例预览本帧的动画内容，这对于在大型动画中寻找某一帧内容是非常有用的；"关联预览"选项与"预览"选项的功能类似，只是将场景中的内容严格按照比例缩放到帧当中显示；"较短"选项用以改变帧格的高度；"彩色显示帧"选项的功能是打开或关闭彩色帧。

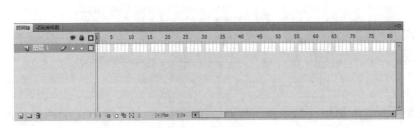

图1-7 时间轴 图1-8 时间轴样式选项

（6）编辑区

编辑区分为舞台和工作区。编辑区中心的白色区域称为舞台，舞台是最终发布 Flash 影片的可视区域，衬托在舞台后面浅灰色的区域是工作区，在制作动画时，可将制作动画的素材暂时放在工作区。执行"视图"→"工作区"命令，可以隐藏或显示工作区。

（7）面板

使用面板可以实现对颜色、文本、实例、帧和场景等的处理。Flash CS5 的工作界面包含多个面板，如"属性""颜色"等。系统默认情况下"属性"面板位于编辑区右侧，占用面积很大。执行"窗口"→"颜色"命令，可打开如图 1-9 所示的"颜色"面板；执行"窗口"→"对齐"命令，如图 1-10 所示。

图 1-9　"颜色"面板

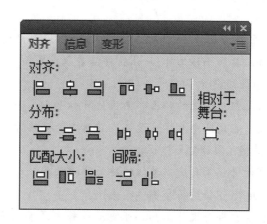

图 1-10　"对齐"面板

通过单击面板上方的控制柄移动面板位置，或者将固定面板移动为浮动面板。

（8）编辑栏

编辑栏位于编辑区上方，如图 1-11 所示。

图 1-11　编辑栏

执行"窗口"→"工具栏"→"编辑栏"命令可以实现编辑栏的显示或者隐藏。编辑栏最左端显示当前动画的编辑状态，处于元件编辑状态时，最左侧显示"返回"按钮，单击此按钮可以返回到动画的场景编辑状态。最右端为执行"编辑场景"按钮，"编辑元件"按钮和舞台的显示比例下拉列表框。单击"编辑场景"按钮，打开其下拉列表，可以快速选择要进行动画制作的场景；单击"编辑元件"按钮，可以在其下拉列表中选择要编辑修改的元件实例；在"显示比例"数值框中输入数值后按 Enter 键可以改变舞台中的显示比例，单击数值框右侧的下拉按钮，在打开的下拉列表中可以选择不同的显示选项。

4. Flash CS5 文档的退出

退出 Flash CS5，有如下 4 种方法：

① 在菜单栏中选择"文件"→"退出"命令。

② 单击 Flash CS5 窗口右上角的"关闭"按钮。

③ 双击 Flash CS5 窗口左上角的带有"FL"标志的"控制菜单"按钮。

④ 按【Alt+F4】组合键。

相关知识

相对于以前的版本，Flash CS5 增添了多个全新功能，这些功能主要包括以下几点。

1. 基于对象的动画

此功能不仅可大大简化 Flash 中的设计过程，还提供了更大程度的控制。创作的动画补间将直接应用于对象而不是关键帧，使用控制点可轻松变更移动路径，从而精确控制每个单独的动画属性。

2. "动画编辑器"面板

这是 Flash CS5 新增的面板，通过此面板可以实现对每个关键帧参数（包括旋转、大小、缩放、滤镜）的完全单独控制，还可以使用关键帧编辑器借助曲线以图形化方式控制缓动。

3. 3D 变形

全新 3D 平移与旋转功能，在 3D 空间内对 2D 对象进行动画处理，对任何套用局部或全域变形（变形工具包括旋转工具和平移工具），让物件沿着 X、Y 和 Z 运动。

4. 补间动画预设

对任何对象应用预置的动画可更快地开始项目。从数十种预置的动画预设中进行选择，或创建和保存自己的预设。在团队中共享预设可节省创建动画的时间。

5. 使用骨骼工具建立反向运动

使用全新的骨骼工具建立类似锁链物件的效果，或将单一形状快速扭曲变形。

6. 使用 Deco 工具进行装饰性绘画

将元件转变为即时设计工具。可使用多种方式套用元件，使用装饰工具快速建立类似万花筒的效果并套用填色，或使用喷刷在任意定义的区域内随机喷洒元件。

7. 增强的元数据支持

利用新的 XMP 面板，可以方便而快速地对其 SWF 内容分配元数据标签。Flash CS5 支持将元数据添加到 Adobe Bridge 识别的 SWF 文件中和其他可识加 XMP 元数据的 Creative Suite 应用程序中，改善了组织方式并支持对 SWF 文件进行快速查找和检索，增强协同作业并提供更佳的行动使用体验。

Flash CS5 新功能的优越性可以通过逐步学习来体会。

任务2　制作第一个 Flash CS5 作品

任务描述

在开始使用 Flash CS5 创作动画之前，先来制作一个简单的"小松鼠来了"动画，以便了解动画整个流程，熟悉 Flash CS5 的工作界面并对常用工具有一个初步的认识。该动画制作流程和任何复杂动画的制作流程都是一样的。

任务目标与分析

通过第一个动画熟悉 Flash 文档的创建，并能对舞台属性进行正确的设置，完成第一个动画的制作，并了解动画的测试、保存、导出和发布。

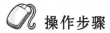 操作步骤

1. 设置舞台属性

① 启动 Flash CS5 软件。

② 选择"文件"→"新建"命令（快捷键：【Ctrl 十 N】），弹出"新建文档"对话框，如图 1-12 所示。

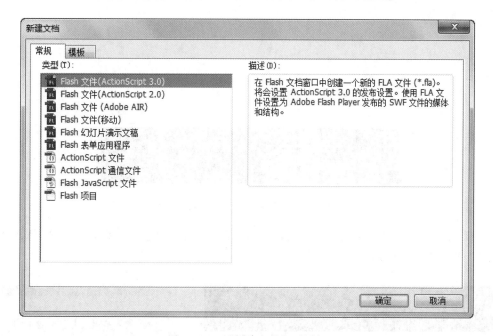

图 1-12　"新建文档"对话框

③ 选择"新建立挡"对话框中的"Flash 文件（ActionScript 3.0）"命令，然后单击"确定"按钮。

④ 接下来要设置影片文件的大小、背景和播放速率等参数。选择"修改"→"文档"命令（快捷键【Ctrl+J】），弹出"文档属性"对话框，如图 1-13 所示。或者使用界面右方的"属性"面板。

图 1-13　"文档属性"对话框

⑤ 在"文档属性"对话框中进行如下设置：

● 设置尺寸为 400 像素×300 像素。

● 设置舞台背景颜色为黑色。

● 单击"确定"按钮。

⑥ 接下来要修饰一下舞台背景。选择"工具箱"→"矩形工具"，笔触设置为"无色"，填充设置为"白色"。

⑦ 使用矩形工具在舞台的中央绘制一个没有边框的白色矩形，如图1-14所示。

图1-14　舞台中绘制白色无边框矩形

⑧ 选择"工具箱"→"文本工具"，在舞台左上角和右下角分别输入"我的第一个FLASH作品"和"作者：小希"，如图1-15所示。

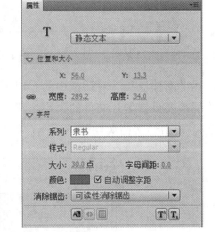

图1-15　输入文本并设置其属性

⑨ 单击"图层1"将其更名"背景"，如图1-16所示。

图1-16　更改图层名称

2. 创建动画效果

① 单击"背景"图层与小锁交叉的位置，锁定"背景"图层。

② 单击时间轴左下角的"新建图层" 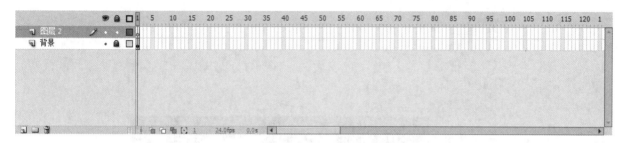 按钮，创建"图层 2"，如图 1－17 所示。

图 1－17 新建层 2

③ 选择"文件"→"导入"→"导入到舞台"命令（快捷键【Ctrl＋R】），在弹出的"导入"对话框中选择要导入的"小松鼠"图片，单击"打开"按钮，如图 1－18 所示。

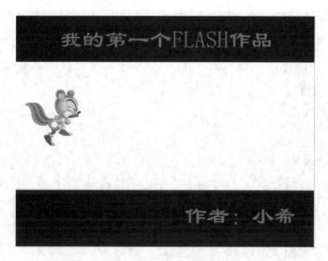

图 1－18 导入素材到舞台

④ 选中舞台中的图片，选择"修改"→"转换为元件"命令，在弹出的"转换为元件"对话框中进行相关设置，把图片转换为图形元件，如图 1－19 所示。

图 1－19 "转换为元件"对话框

⑤ 使用选择工具 ，把转换的图形元件拖到舞台最左边，如图 1－20 所示。

⑥ 选中"图层 2"的第 30 帧，按 F6 键，插入关键帧，然后把该帧中的图形元件"小松鼠"水平移动到舞台的中央，如图 1－21 所示。

⑦ 为了能在整个动画播放过程中看到所制作的背景，选中"背景"图层的第 30 帧，按 F5 键，插入

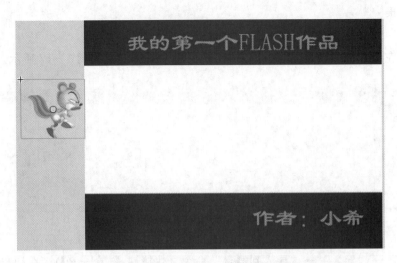

图1-20 移动元件位置

图1-21 移动元件到舞台中央

静态延长帧，延长"背景"图层的播放时间，如图1-22所示。

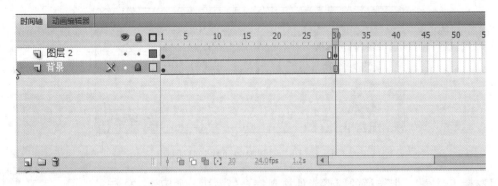

图1-22 延长"背景"图层的播放时间

⑧ 右击"图层2"第1～29帧之间的任意一帧，在弹出的快捷菜单中选择"创建传统补间"命令，在时间轴上出现紫色的区域和由左向右的箭头，这就是成功创建传统补间动画的标志，如图1-23所示。

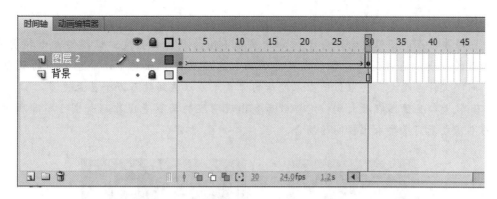

图 1-23　传统补间动画

⑨ 按【Ctrl＋Enter】组合键在 Flash 播放器中测试动画，或者按 Enter 键在舞台中直接预览动画效果。

3. 动画的保存

动画制作完毕要进行保存，其操作步骤如下：

① 单击"文件"→"保存"命令（快捷键【Ctrl＋S】），在弹出的对话框中设置保存类型".FLA"的 Flash 源文件格式，如图 1-24 所示。

图 1-24　保存 Flash 源文件

② 单击"保存"。

 相关知识

1. 位图

位图也叫像素或点阵图，由像素或点的网络组成。与矢量图形相比，位图更容易模拟真实效果。位图放大到一定程度，图像边缘会出现锯齿效果，同时会发现位图实际上是由一个个小方格组成的，这些小方格被称为像素点。

像素点是图像中最小的图像元素，每个像素点显示不同的颜色和亮度。位图的大小和质量主要取决于图像中像素点的多少，通常说来，每平方英寸的面积上所含像素点越多，颜色之间的混合也越平滑，图像越清晰，同时文件也越大。一幅位图图像包括的像素点可以达到数百万个甚至更多。

位图的体积较大，且位图在放大到一定倍数后会出现明显的马赛克现象（如图1-25所示），所以一般用在对色彩丰富或真实感要求比较高的场合。

位图原图　　　　　　　　　　　　　放大后的位图

图1-25　位图放大前后的效果对比

2. 矢量图

矢量图又叫向量图，由点、线、面等元素组成，所记录的是对象的几何开头、线条和色彩等，其中图像的组成元素被称为对象，每个对象都是一个自成一体的实体，具有颜色、开关、轮廓、大小和屏幕位置等属性。

每个对象都是独立的实体，它们在电脑内部表示成一系列的数值而不是像素点，这些值最终决定了图像在屏幕上显示的形状，所以电脑在存储和显示矢量图时只需记录图形的边线位置和边线之间的颜色这两种信息即可。在维持图像的原有清晰度和弯曲度的同时，多次移动和改变它的属性，而且不会影响图像中的其他对象。

矢量图的特点是占用的存储空间小。即使改变对象的位置、形状、大小和颜色，但由于这种保存图形信息的方法与分辨率无关，因此无论放大或缩小多少倍，其图像边缘都是平滑的，而视觉细节和清晰度也不会有任何改变，图1-26所示为矢量图放大前后的效果对比。

矢量图图像的复杂程度直接影响着矢量图文件的大小，图像显示尺寸可以进行无极限缩放，且缩放不影响图像的显示精度和效果，因此可以说矢量图文件的大小与图像的尺寸无关，所以在制作Flash动画时，应尽量采用矢量图，这样可减少动画的大小，更适合网络上的播放和传播。

矢量图原图　　　　　　　　　　　　放大后的矢量图

图1-26　矢量图放大前后的效果对比

> **小提示**
>
> 　　像素是位图图像的基本单位，在位图中每个像素都有不同的颜色值。因此，位图图像的大小和质量主要取决于图像中的像素的多少。
>
> 　　分辨率是指每平方英寸图像内包含的像素数目，它有图像分辨率、打印分辨率和显示器分辨率之分。

拓展训练

1. 利用 Flash CS5 的网络帮助，了解 Flash CS5 的新增功能和最新帮助内容。
2. 对 Flash CS5 的场景进行缩放，在场景中实现标尺、辅助线、网格的显示或隐藏。

总结与回顾

　　本项目通过两个任务介绍 Flash CS5 软件的基本功能，Flash CS5 的新增功能、工作界面以及工具箱中的各个工具等。通过第一个动画的制作，熟悉了 Flash 文档的创建，了解如何使用 Flash CS5 软件设置场景和导入素材等相关知识，并能对舞台属性进行正确的设置，并熟悉了动画的测试、保存、导出和发布等动画制作的流程。

项目相关习题

一、单选题

1. (　　)就是将选中的图形对象按比例放大或缩小，也可在水平方向或垂直方向分别放大或缩小。
    A. 缩放对象　　　　　B. 水平翻转　　　　　C. 垂直翻转　　　　　D. 任意变形工具
2. (　　)通过直线和曲线来描述图形，在对一幅(　　)进行编辑修改时，实际上修改的是其中曲线的属性，可对其进行移动、缩放，改变形状和颜色不而影响它的显示质量。
    A. 矢量图　　　　　　B. 位图　　　　　　　C. GIF 动画　　　　　D. 矢量动画
3. 如果要打开库面板，可以选择"窗口"菜单中的"库"或按下键盘中的(　　)键。
    A. F9　　　　　　　　B. F10　　　　　　　　C. F11 *　　　　　　　D. F12
4. 要使用直接选择工具时，可按快捷键(　　)。
    A. A *　　　　　　　　B. b　　　　　　　　　C. c　　　　　　　　　D. d
5. 在 Flash 绘图时，可按住键盘中的(　　)对窗口切换到抓手工具。
    A. Ctrl　　　　　　　B. Alt　　　　　　　　C. shift　　　　　　　D. 空格
6. 在 Flash 中，使用钢笔工具时，如果按住键盘中的 Ctrl 键，鼠标指针会变成(　　)工具。
    A. 钢笔工具　　　　　B. 选择工具　　　　　C. 直接选择工具 *　　D. 抓手工具
7. 在使用套索工具时，在弹出的魔术棒属性对话框中，平滑后的默认(　　)。
    A. 像素　　　　　　　B. 粗略　　　　　　　C. 平滑 *　　　　　　D. 正常
8. 下面关于位图图像的说法错误的是(　　)。
    A. 位图图像是通过在网络中为不同位置的像素填充不同的颜色而产生的
    B. 创建图像的方式就好比马赛克拼图一样

C. 当用户编辑位图图像时，修改的是像素而不是直线和曲线

D. 位图图例和分辨率无关

二、填空题

1. 铅笔工具选项中包括_____种，分别是_____、_____和_____。

2. Flash 影片的源文件格式为_____。

三、操作题

1. 熟练操作工具箱中各个工具的快捷键。

2. 创建一个名为"我的动画"的文件，仿照任务 2 制作一个简单动画。

项目 2　Flash CS5 绘制与填充图形

图形的绘制是制作动画的前提，也是制作动画的基础。每个精彩的 Flash 动画都少不了精美的图形素材，虽然很多时候可以通过导入图片来获取，但有些图形必须亲手绘制，来表现一些特殊效果或者对于有特殊用途的图片，除了亲手绘制别无他法。

Flash CS5 拥有强大的绘图工具，可以利用绘图工具绘制几何形状、上色和擦除等。本项目着重介绍如何使用 Flash CS5 工具进行基本图形的绘制和各式各样图案的填充。

项目目标

- 掌握 Flash CS5 中基本绘图工具的使用。
- 熟练掌握 Flash CS5 中形状的绘制。
- 熟练掌握 Flash CS5 中路径的绘制。
- 熟练掌握 Flash CS5 颜色工具操作。

任务 1　绘制圆形水晶按钮

任务描述

本任务在绘制苹果的过程中，主要应用"椭圆工具"进行绘制，再使用"部分选取工具"将所绘制的椭圆调整为苹果的形状，最后通过渐变颜色填充，使所绘制的苹果具有真实感。最终效果如图 2-1 所示。

图 2-1　最终效果图

任务目标与分析

使用"椭圆工具"绘制椭圆图形，再使用"部分选取工具"对所绘制的椭圆图形进行调整，并为所绘制的椭圆填充渐变颜色。本任务主要是熟练掌握绘图工具中的"椭圆工具""部分选取工具"的使用，并能对绘制图形进行渐变填充。

操作步骤

① 单击"文件"→"新建"，新建一个 Flash 文档。单击"属性"面板上"属性"标签下的编辑按钮 **编辑...**，在弹出的"文档属性"对话框中设置，舞台大小为 550×200，帧频为 12，如图 2-2 所示，单击"确定"按钮，完成"文档属性"的设置。

图 2-2　"文档属性"对话框

② 单击"插入"→"新建元件"命令（快捷键【Ctrl+F8】），创建为"红苹果"的"图形"元件，如图 2-3 所示。

图 2-3　创建图形元件

③ 单击工具箱中的"椭圆工具" 按钮，在"属性"面板上设置"笔触高度"为 3，"笔触颜色"为 ♯7E0101，"填充颜色"为 ♯FF3300，绘制一个椭圆图形，单击工具箱中的"部分选取工具" 按钮，调整绘制的椭圆图形，如图 2-4 所示。

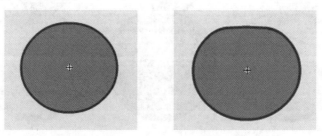

图 2-4　调整前后的椭圆

④ 使用"选择工具"选中图形，单击"窗口"→"颜色"命令，打开"颜色"面板，设置"填充颜色"分别为＃FF8A15、FF00000、＃540101、＃C90101 的放射状渐变，如图 2-5 所示。

⑤ 单击工具箱中的"渐变变形工具" 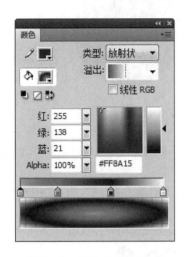 按钮，调整渐变的角度，如图 2-6 所示。

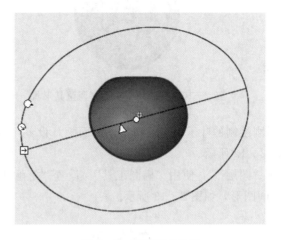

图 2-5　设置"颜色面板"　　　　　　　　　图 2-6　调整渐变角度

⑥ 新建"图层 2"，设置"笔触颜色"为无，"填充颜色"为＃333333，使用"椭圆工具"在场景中绘制一个椭圆图形，如图 2-7 所示。

⑦ 使用"选择工具"选取刚绘制的椭圆上半部分，按 Delete 键将其删除，选中下半部分设置"填充颜色"的 Alpha 值为 40％，如图 2-8 所示。

图 2-7　绘制椭圆图形　　　　　　　　　图 2-8　删除部分图形并设置 Alpha 值

⑧ 新建"图层 3"，使用"椭圆工具"，设置"笔触颜色"为无，"填充颜色"为＃FF44，在场景中绘制一个椭圆图形，并使用"部分选取工具"对其进行调整，如图 2-9 所示。

⑨ 新建"图层 4"，单击工具箱中的"矩形工具"按钮，在"属性"面板设置"笔触高度"为 3，"笔触颜色"为＃50371B，"填充颜色"为＃FF44，"矩形边角半径"为 8。在场景中绘制一个圆角矩形，使用"选择工具"和"部分选取工具"对刚绘制的圆角矩形进行调整，如图 2-10 所示。

图 2-9　绘制圆角矩形并调整

⑩ 新建"图层 5"，使用"椭圆工具"，在"属性"面板上设置"笔触高度"为 3，"笔触颜色"为＃025801，"填充颜色"为 00FF00，在场景中绘制一个椭圆图形，使用"转换锚点工具"和"部分选取工具"对刚刚绘制椭圆图形进行调整，对调整后的图形进行旋转并移至合适的位置，如图 2-11 所示，使其形状像叶子。

图2-10 绘制圆角矩形并调整其形状   图2-11 绘制叶子

⑪ 选择刚绘制的叶子，打开"颜色"面板，设置"填充颜色"值为＃54D515、＃377D0D的"线性"渐变，如图2-12所示。

⑫ 新建"图层6"，使用"椭圆工具"，设置"笔触颜色"为无，"填充颜色"为BDFD51，在场景中绘制一个椭圆图形，如图2-13所示。

图2-12 填入充叶子颜色   图2-13 红苹果效果图

⑬ 用相同的方法，新建"绿苹果""黄苹果"图形元件。

⑭ 单击"编辑栏"上的"场景1"按钮，返回到"场景1"的编辑状态，将刚刚绘制的不同颜色的苹果元件拖入到场景中，如图2-14所示，完成苹果的绘制。

图2-14 苹果效果图

⑮ 单击"文件"→"保存"命令，将文件保存为"苹果.FLA"。

 相关知识

几何形状绘制工具用来绘制矩形（正方形）、椭圆（圆）和多边形等形状，可以任意选择轮廓的颜色、线型、宽度及填充区域的颜色，利用基本椭圆工具和基本矩形工具还可以针对椭圆形或矩形的一个点或矩形的一个角进行调整，绘制出镂空的图形。

1. 矩形工具

选择"矩形工具",指针在舞台中显示为十字形,同时在窗口的下面弹出相应的属性面板,如图2-15所示,在舞台上拖动鼠标就会绘制出一个矩形。

① 笔触颜色 ✏ ▭:用于设置矢量线条的颜色。

② 填充颜色 ◇ ▭:用于设置矢量色块的颜色。

③ 笔触 笔触:△——————[1.00]:用于设置矢量线条的粗细,既可以拖动滑块进行设置,也可以直接在数值框中输入数值,数值越大,线条越粗,反之,线条越细。

④ 样式 样式:[实线 ▼]:用于设置矢量线条的样式,单击右侧的下拉按钮,打开其下拉列表,可以从中选择样式,如图2-16所示。

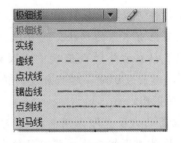

图2-15 "矩形工具"属性面板　　　图2-16 "笔触样式"下拉列表

⑤ 编辑笔触样式 ✏:单击此按钮,打开"笔触样式"对话框,如图2-17所示,在该对话框中可以对所选矢量线条的样式进行设置。

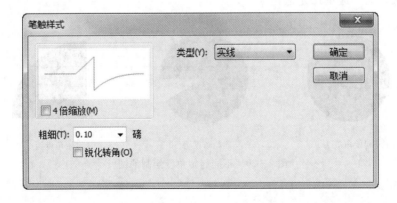

图2-17 "笔触样式"对话框

通过设置"属性"面板中的与四个弧对应的边角半径,可以设置所绘矩形边角的弧度。设置时,可以直接在数值框中输入−100～100之间的数值,数值越小,绘制出来的圆角弧度就越小,默认值为0,即直角矩形，图 2-18 所示分别为角度值为 0、-20 和 20 时绘制出的三个矩形。

角度值为 0　　　　　　　角度值为-20　　　　　　角度值为 20

图 2-18　不同角度值绘制的矩形

小知识

将角度值设为 0，按住 Shift 键拖动鼠标绘制矩形时能绘制出正长方形。按住 Ctrl 键可以暂时切换到"选择工具"，对工作区中的对象进行选取。

2. 椭圆工具

打开矩形工具的下拉列表框，选择"椭圆工具"选项可以绘制椭圆和正圆，椭圆"属性"面板将显示椭圆工具的属性设置选项，如图 2-19 所示。

① 起始角度/结束角度：椭圆的起始点角度和结束点角度。使用这两个控件可以轻松地将椭圆和圆形的形状修改为扇形、半圆形及其他有创意的形状。既可以通过拖动滑块进行更改，也可以直接在右侧的数值框中输入数值，图 2-20 是结束角度为 0，内径为 0 时，起始角度的值分别为 0、30、270 时绘制出来的图形。

② 内径：椭圆的内径（即内侧椭圆）。可以在数值中输入内径的数值或拖动滑块相应地调整内径的大小。输入的数值可以是介于 0～99 之间的值，以表示内径变化的百分比。

③ "闭合路径"复选框：确定椭圆的路径是否闭合。如果指定了一条开放路径，但未对生成的形状应用任何填充，则仅绘制笔触。默认情况下选中此复选框。

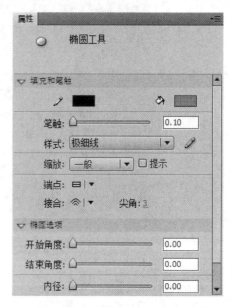

图 2-19　"椭圆工具"属性面板

起始角度为 0　　　　起始角度为 30　　　　起始角度为 270

图 2-20　不同起始角度绘制的圆

3. 多角星形工具

使用多角星形工具可以绘制多边形和星形。用鼠标按住"矩形工具"按钮，打开"矩形工具"下拉列表框，从中选择"多角星形工具" ，"属性"面板将显示多角星形属性的设置选项，如图 2-21 所示。

单击"属性"面板中的"选项" 按钮，打开如图 2-22 所示"工具设置"对话框。

图2-21 多角星形"属性"面板　　　　图2-22 "工具设置"对话框

默认情况下，使用多角星形工具绘制的图形为正五边形。在"工具设置"对话框中设置不同的参数，可以绘制各种类型的多边形和星形。在"样式"选择"星形"，"星形顶点大小"分别设置为1、0.5、0.1，绘制出的图形，如图2-23所示。

图2-23 不同"星形顶点大小"绘制出的图形

小提示

在"工具设置"对话框的"边数"文本框中只能输入介于3～32的数字；在"星形顶点大小"文本框中只能输入一个介于0～1的数字，用于指定星形顶点的深度，数字越接近于0，创建的顶点就深。在绘制多边形时，星形顶点的深度对多边形没有影响。

任务2 绘制漂亮的小屋

任务描述

通过线条勾画出有门有窗的精致立体小屋，袅袅炊烟下，一条弯弯的小路一直延伸到远方。本任务在绘制小屋的过程中，主要应用"线条工具"进行绘制，再使用"铅笔工具"修饰所绘制小路、炊烟的形状，使所绘制的小屋更具有真实感，如图 2-24 所示。

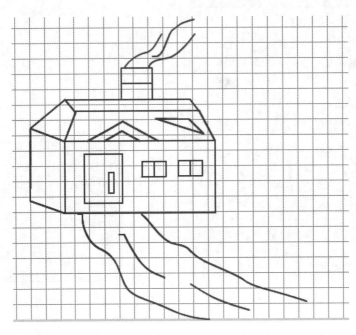

图 2-24　小屋效果

任务目标与分析

由于"线条工具"是 Flash CS5 中最基本最重要的工具。在绘制小屋形状的过程中，能够熟练掌握"线条工具"的使用技巧，再使用"铅笔工具"绘制出漂亮的小路和炊烟，利用"填充工具"并为所绘制的小屋填充相应颜色。

操作步骤

① 单击"文件"→"新建"命令，新建一个 Flash 文档。

② 单击"线条工具" ，在"属性"面板中将笔触高度设为 2，笔触颜色设为蓝色（♯0000FF）如图 2-25 所示。

图 2-25　"线条工具"属性设置

③ 单击"视图"→"网格"→"显示网格"命令，将网格显示出来，用"线条工具"在舞台上画出房子的轮廓，注意衔接点的连接，如图 2-26 所示。

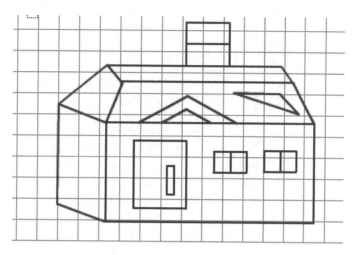

图 2-26 小屋的轮廓

④ 单击"选择工具"选中整个小屋子，将其放在舞台左上角的位置。单击"铅笔工具"，在工具箱下侧和铅笔附属工具选项中设置铅笔模式为"平滑"，在舞台上拖动鼠标，在小屋前绘制出一条弯弯的小路，以同样的方法，用"铅笔工具"绘制出烟的形状，如图 2-27 所示。

图 2-27 绘制出"小路、炊烟"的小屋

相关知识

1. "线条工具"

单击工具箱中的"线条工具"，将指针移动到工作区后就会变成一个十字形，此时窗口下面的"属性"面板会变成直线工具属性面板，可以对直线工具的属性进行设置，如图 2-28 所示。

面板中各参数作用及设置如下。

① 笔触颜色：用来设置线条颜色。用鼠标单击笔触颜色框，会打开如图 2-29 所示的调色板，可以

图 2-28   "线条工具"属性设置

对笔触颜色进行选择。

② 笔触高度：用来设置所绘线条的宽度，范围从 0.25～200，可以通过右边的滑杆来调节，单位是 dpi。

③ 笔触样式：用来选择所绘的线条类型，比如实线、虚线、点状线、锯齿线、点描线条，如图 2-30 所示。

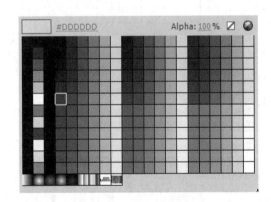

图 2-29   笔触颜色面板

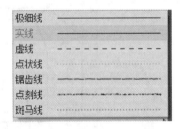

图 2-30   "笔触样式"下拉列表图

④ 端点：设定直线端点的状态，有"无""圆角"和"方形"三个选项，各项设置效果如图 2-31 所示。

⑤ 接合：定义两个路径片段的相接方式，有"尖角""圆角"和"斜角"三个选项，各项设置效果如图 2-32 所示。

图 2-31   直线端点的三种状态   图 2-32   两个路径的接合方式

⑥ 笔触提示：可在全像素下调整直线锚点和曲线锚点，防止出现模糊的垂直和水平线。

⑦ 缩放：在播放器中保持笔触缩放，它的选择有"一般""水平""垂直"和"无"。

⑧ 自定义：使用户自己定义线型，即笔触样式。在这里可定义实线、虚线、点状线、锯齿状线、点描线和斑马线等，图 3－33 是"笔触样式"对话框。

图 3－33　是"笔触样式"对话框

小技巧

在绘制的过程中如果按下 Shift 键，可以绘制出垂直、水平的直线，或者 45°斜线。

2．"铅笔工具"

"铅笔工具"  可以自由地绘制线条，用它可以绘制出比较柔和的曲线。

和"线条工具"面板基本相同，但"铅笔工具"的属性面板下面多了一项"平滑"选项，如图 2－34 所示。当选择"铅笔工具"时，在工具箱下侧会出现"铅笔模式"附属选项，通过它可以选择笔触的模式，有 3 种模式可供选择，"伸直""平滑"和"墨水"。

图 2－34　"铅笔工具"的属性面板

① 伸直：在绘图过程中，会将线条转换成接近开头的直线，绘制的图形趋向平直、规整。

② 平滑：适用于绘制平滑图形，在绘制过程中会自动将所绘图形的棱角去掉，转换成接近形状的平滑曲线，使绘制的图形趋于平滑、流畅。

③ 墨水：可随意地绘制各类线条，这种模式不对笔触进行任何修改。

任务3 给我的比卡丘添加颜色

任务描述

通过"墨水瓶"工具对图形对象添加边框路径,应用"滴管工具"从图形对象上获取相同的颜色。再应用"填充工具"对图形进行填充。还简述了如何使用位图完成矢量图形的填充颜色。

任务目标与分析

本任务通过对比卡丘添加颜色,来说明"填充工具""滴管工具"的作用,并熟练掌握位图的填充。

操作步骤

① 单击"文件"→"新建"命令,新建一个 Flash 文档,选择"文件"→"导入"→"导入到舞台"命令,将素材库中的"比卡丘.jpg"文件导入舞台,单击"修改"→"分离"(快捷键【Ctrl+B】),将位图图形分离如图2-35所示。

② 选择工具箱中的"滴管工具",将指针放在要复制的位图图形上,这时滴管右侧带有一个刷子,单击滴管吸入图形,如图2-36所示。

图2-35 分离后的位图　　　　　　　图2-36 用滴管吸入图形

③ 在工具箱中选择"矩形工具",在舞台中绘制一个矩形,此时填充的颜色是吸入的图形,如图2-37所示。

图2-37 将吸入的位图填充矩形

注意：

利用"滴管工具"吸入位图来填充图形，根据绘制图形的大小，位图以平铺的方式来填充所绘制的图形。如图 2-38 所示用"滴管工具"吸入位图来填充的一个长矩形。

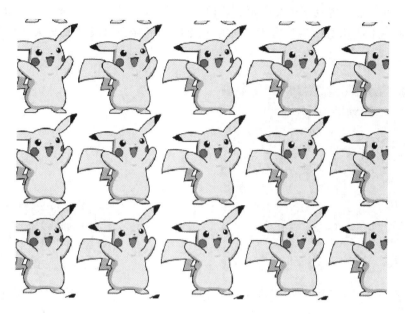

图 2-38　平铺填充

 ## 相关知识

1. "滴管工具"

"滴管工具"是用来选择颜色的工具，它的作用是采集某一对象的色彩特征，以便应用到其他对象上，也可以对位图进行属性采样。

在工具箱中选择"滴管工具"，将鼠标移到舞台中，鼠标就会变成滴管的形状；当"滴管工具"移动到图形填充区域后，"滴管工具"的右边就出现一把刷子标志；当鼠标在填充区域单击后，滴管工具会自动切换到"颜料桶工具"，表示当前可以将滴管吸取的颜色填充到指定的区域；当"滴管工具"移到图形轮廓上后，"滴管工具"右边出现一支铅笔标志；在轮廓线上单击，"滴管工具"会自动切换为"墨水瓶工具"，如图 2-39 所示。

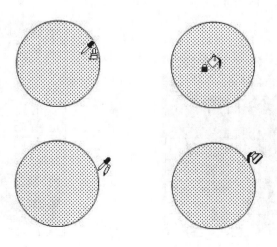

图 2-39　"滴管工具"在不同区域的不同形状

2. "颜料桶工具"

"颜料桶工具"可以为封闭区域填充颜色，也可以填充未完全封闭的区域，并能够自动地将不闭合区域闭合起来。用户可以使用纯色、渐变色和位图填充或更改已填充色彩区域的颜色。

选择"颜料桶工具"后，窗口下面会弹出相应的属性面板，如图2-40所示。"颜料桶工具"的属性面板参数很少，只有一个"填充颜色"选项。同时工具箱的下部会出现"空隙大小"附属工具选项，如图2-41所示。

图2-40　"颜料桶工具"属性面板　　　　　图2-41　"空隙大小"附属选项

① 不封闭空隙：不允许有空隙，只限于封闭区域。

② 封闭小空隙：如果所填充区域不是完全封闭的，但是空隙很小，则Flash CS5会近似地将其判断为完全封闭的，并将其进行填充。

③ 封闭中等空隙：如果所填充区域不是完全封闭的，但是空隙大小中等，则Flash CS5会近似地将其判断为完全封闭的，并将其进行填充。

④ 封闭大空隙：如果所填充区域不是完全封闭的，但是空隙比较大，则Flash CS5会近似地将其判断为完全封闭的，并将其进行填充。

3. 渐变色设置

Flash CS5不仅可以将笔触颜色和填充颜色设置为纯色，而且还可以设置为渐变色。有时用渐变色来填充图形或描绘图形都会达到意想不到的效果。在Flash CS5的样本面板下方已经给出了一部分的渐变色，如图2-42所示。但这些颜色远不能满足用户的意图，需要用户自己定义渐变色。定义渐变色是在"颜色"面板中进行的，如图2-43所示。

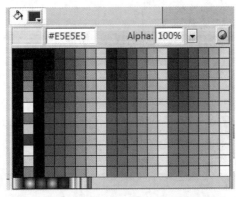

图2-42　"颜料桶工具"下方的样本颜色　　　图2-43　"颜料桶工具"渐变色的定义

① 类型：填充的样式。有无、纯色、线性、放射状和位图 5 种样式。

② 溢出：控制超出渐变限制的颜色。

4. "墨水瓶工具"

"墨水瓶工具"可以更改线条或形状轮廓的笔触颜色、宽度和样式，它只影响形状对象。

单击"墨水瓶工具" ，窗口下面将弹出相应属性面板，该属性面板与"铅笔工具"属性面板具有相同的设置，如图 2-44 所示。

图 2-44　"墨水瓶工具"属性面板

任务 4　制作折扇

任务描述

利用"矩形工具"绘制一支扇骨和"变形"面板复制并旋转扇骨形状，利用"颜色"面板实现扇面的位图的填充，再应用"渐变变形工具"对填充的位图进行调整，使折扇更逼真，最终效果如图 2-45 所示。

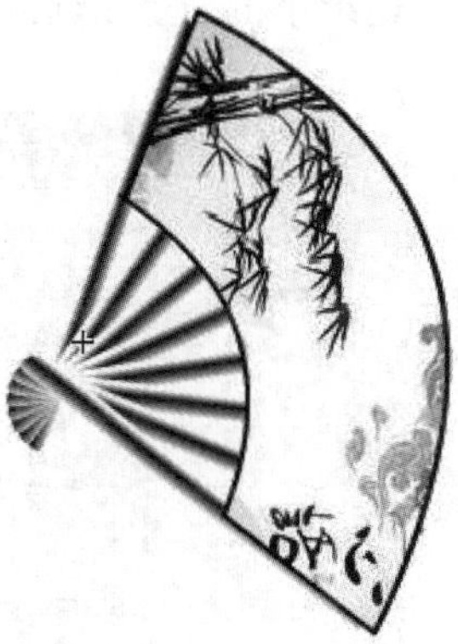

任务目标与分析

在折扇的绘制过程中，能熟练掌握"矩形工具""颜色"面板的属性，并掌握"变形"面板和"渐变变形工具"的使用。

图 2-45　折扇效果图

操作步骤

① 单击"文件"→"新建"命令，新建一个 Flash 文档。

② 按快捷键【Ctrl＋F8】，在"新建元件"对话框中输入"扇骨"，如图 2-46 所示。

③ 单击"窗口"→"颜色"命令，打开"颜色"面板，设置"填充颜色"的三个色标分别为♯FFFFFF、♯330000、♯FFFFFF 的线性渐变，如图 2-47 所示。

图 2-46　"扇骨"的图形元件

图 2-47　设置"颜色"面板的颜色

④ 单击工具箱中的"矩形工具"按钮，绘制一个矩形为扇骨，在矩形工具选项中取消选择对象绘制模式中，并调整其尺寸，绘制的效果如图 2-48 所示。

⑤ 单击工具箱中的"任意变形工具"按钮，调整当前矩形的中心点到矩形下方，如图 2-49 所示。

图 2-48　在舞台中绘制扇骨　　　　　　　　图 2-49　将矩形中心点移至矩形下方

⑥ 单击"窗口"→"变形"命令（快捷键【Ctrl＋T】），打开"变形"面板，在"旋转"单选按钮下将旋转角度设为 15°，如图 2-50 所示。

⑦ 连续单击"重制选区和变形"按钮，即可边旋转边复制多个矩形，如图 2-51 所示。

图 2-50　"变形"面板　　　　　　　　图 2-51　旋转并复制多个矩形

⑧ 新建"图层 2",单击工具箱中的"线条工具"按钮,在扇骨的两边绘制两条直线,如图 2-52 所示。

⑨ 单击工具箱中的"选择工具"按钮,把两条直线拉成和扇面弧度一样的圆弧线,如图 2-53 所示。

图 2-52 绘制两条直线

图 2-53 使用"选择工具"对直线变形

⑩ 单击工具箱中的"线条工具"按钮,把两条直线的两端连接成一个闭合路径,同时使用颜料桶工具填充颜色,如图 2-54 所示。

⑪ 单击"窗口"→"颜色"命令,打开颜色面板,在"颜色"面板的"类型"下拉列表中选择"位图"选项,在弹出的"导入到库"对话框中找到素材文件"扇面.jpg",此时的"颜色"面板如图 2-55 所示。

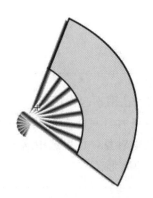

图 2-54 给扇面填充颜色

图 2-55 导入位图的"颜色"面板

⑫ 此时使用"颜料桶工具"将图片素材填充到扇面中,如图 2-56 所示。

⑬ 单击工具箱中的"渐变变形工具"按钮,调整填充到扇中的图片素材,使图片和扇面更加吻合,如图 2-57 所示

图 2-56 填入图片的扇面

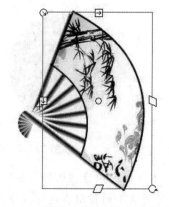

图 2-57 "渐变变形工具"调整图片素材

⑭ 单击"文件"→"保存"命令,将文件保存。

相关知识

绘制图形完成后，常常要使用"选择工具""部分选取工具""套索工具"和"任意变形工具"这些工具对图形进行抓取、选择、移动和变形，它们是使用频率最高的工具。在绘图操作中，常常需要选择将要处理的对象，然后对这些对象进行处理。

1. 选择工具

单击工具箱中的"选择工具"，将指针移到舞台后，指针的旁边就会出现一个虚的小矩形，如图2-58所示。这时在舞台拖动指针，会出现一个矩形框，矩形框中的对象就会被选中，图像将由实变虚。"选择工具"没有属性面板，但在工具箱的下部会弹出相应的附属工具选项，如图2-59所示。

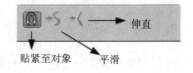

图2-58　"选择工具"指针形状　　图2-59　"选择工具"附属工具选项

① 贴紧至对象：选择此项，绘图、移动、旋转以及调整的对象将自动对齐。
② 平滑：使用绘制的曲线趋于平滑。
③ 伸直：用于修饰曲线，使曲线趋于直线。

小提示

　① 平滑和伸直只适用于形状对象，而对组合、文本、实例和位图不起作用。
　② 如果要选择线条，直接单击相应线条即可。有时单击线条时，只能选中其中一部分，如果此时在线条上双击，可能将它们全部选中。按住 Shift 键单击其他对象，可以选中这个对象。
　③ 如果将指针放置在对象的边线上，拖动指针，可以将对象变形。

2. 部分选取工具

在工具箱中单击"部分选取工具"，将指针移到舞台并拖动，会出现一个矩形框，矩形框中的对象就会被选中，选中的图像轮廓上将出现很多的控制点，表示该对象已被选中，如图2-60所示。

图2-60　轮廓上的控制点及扭曲后的图形

"部分选取工具"除可以像"选择工具"那样选取并移动对象外，还可以对图形进行变形等处理。在选中路径之后，可对其中的控制点进行拉伸或对曲线进行修改。

3. 任意变形工具

"任意变形工具"主要用于对对象进行各种方式的变形处理，如拉伸、压缩、旋转、翻转和自由变形等。此工具可以将对象变形成自己需要的各种样式。在工具箱中单击"任意变形工具","任意变形工具"就被激活,单击要变形的对象,对象四周会出现 8 个控制点,拖动四角的控制点可以对图形进行变形处理,如图 2-61 所示。

图 2-61 "任意变形工具"的使用

"任意变形工具"有 4 个附属选项,如图 2-62 所示。

① 旋转与倾斜:对选中的对象进行旋转与倾斜操作。

② 缩放:对选中的对象进行放大与缩小操作。

③ 扭曲:对选中的对象进行扭曲操作。只有将对象分离后,此功能才有效,并且仅对四角的控制点有效。

④ 封套:选中的对象四周会出现更多的控制点,可以方便地对对象进行精确的变形操作。

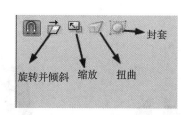

图 2-62 "任意变形工具"附属选项

4. 套索工具

"套索工具" 与"选择工具"功能基本相似,是用来选择对象的。但它的选择方式不同,使用"套索工具"可以自由地选定要选择的区域,而不是像"选择工具"那样将整个对象都选中。

单击"套索工具","套索工具"就会被激活;当把指针移动到舞台上,指针会变成套索工具状,如图 2-63 所示。

"套索工具"的 3 个附属选项,如图 2-64 所示。

图 2-63 选择"套索工具"后的光标变化　　图 2-64 "套索工具"附属选项

① 魔术棒:根据对象的差异选择对象的不规则区域。

② 魔术棒设置:调整魔术棒工具的设置,单击此按钮,会弹出"魔术棒设置"对话框。

③ 多边形模式 ▧：选择多边形区域及不规则区域。

5. 手形工具

"手形工具" ✋用于调整图像在舞台中位置，当制作的图很大，屏幕中不能完全显示出来时，可以用"手形工具"移动图像到可视区域。选择"手形工具"后，指针移到舞台中就变为"手"的形状。当拖动鼠标时，图像就会跟着移动，但实际上是整个舞台在移动。

6. 缩放工具

"缩放工具" 🔍用于放大或缩小舞台的显示比例。选择"缩放工具"后，鼠标移动到舞台时，指针将变为一个放大镜，此时在工作区中单击就可以实现工作区的放大或缩小，如图2-65所示。

缩小后的图像　　　　　　　　原始图像　　　　　　　　放大后的图像

图2-65　"缩放工具"使用的效果

拓展训练

1. 绘制可爱小人角色。

操作提示：利用"椭圆工具"和"矩形工具"绘制图形，并使用"选择工具"和"部分选择工具"对图形进行调整，形成卡通人的面部图图形和手，并调整图层的叠加顺序，完成如图2-66所示效果图。

2. 绘制花伞。

操作提示：利用"多边形工具"绘制基本图形，导入位图，用位图填充雨伞伞面，完成如图2-67所示效果图。

3. 绘制菊花。

操作提示：利用"椭圆工具""矩形工具"和"部分选择工具"对图形进行绘制并调整图形形状，并使用"颜色"和"填充工具"对图形进行着色，使牵牛花更形象逼真，完成如图2-68所示效果图。注意调整图层的叠加顺序。

图2-66　卡通人物效果图

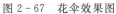

图 2-67　花伞效果图

图 2-68　菊花效果图

总结与回顾

在 Flash CS5 中，绘图工具是最重要也是最基本的工具。基本上所有的图形都需要它来完成。本章通过多个任务，介绍了线条工具、铅笔工具、椭圆工具、矩形工具、多角形工具等绘图工具的功能，说明了绘制各种图形的方法。熟练掌握这些工具的使用方法是做好 Flash 作品的基础。

项目相关习题

一、选择题

1. 如果要用刷子工具在填充区域和空白区域上涂刷，而线条不受影响，应该选择的涂刷模式是（　　）。

   A. 标准绘画　　　　　B. 颜料填充　　　　　C. 颜料选择　　　　　D. 后面绘画

2. 在 Flash 中，下列方法不可以绘制笔直的斜线的是（　　）。

   A. 使用铅笔工具，按住 Shift 键拖动鼠标

   B. 使用铅笔工具，采用 Straighten（平整）绘图模式

   C. 直线工具

   D. 钢笔工具

3. 在绘制图形的时候，要删除相连相同的颜色可以使用什么工具？（　　）

   A. 套索工具　　　　　　　　　　　　B. 魔术棒工具

   C. 橡皮擦工具　　　　　　　　　　　D. 水龙头工具

4. 绘制的线条最宽为 10 像素，最窄为（　　）像素。

   A. 0.01　　　　　　　　B. 0.1　　　　　　　　C. 0.25　　　　　　　　D. 2

5. 使用缩放工具，可将视图中的对象放大（　　）倍。

   A. 20 *　　　　　　　　B. 200　　　　　　　　C. 2000　　　　　　　　D. 2

Flash CS5动画项目实训教程

二、填空题

1. 填充工具包括＿＿＿＿、＿＿＿＿、＿＿＿＿和＿＿＿＿。
2. "套索工具"的 3 个附属选项分别是＿＿＿＿、＿＿＿＿和＿＿＿＿。
3. 橡皮擦工具形状包括＿＿＿＿、＿＿＿＿、＿＿＿＿和＿＿＿＿。
4. 在"混色器面板"中可选择的色彩模式有＿＿＿＿和＿＿＿＿。

三、判断题

1. 如果已经显示了网格和辅助线，则当用户拖动对象调整位置时，对象将优先对齐辅助线
   而不是网格。 （　　）
2. 要在混色器面板中选择颜色显示模式，可从面板右上角的弹出菜单中选择默认的 RGB 模式。
   （　　）
3. 舞台上的任何元素都是可以擦除的，要快速删除舞台上的所有元素，可双击擦除工具。 （　　）
4. 每个 Flash 文件都包括自己的调色板，调色板存储在 Flash 文件中，但是并不影响文件
   的大小。 （　　）

四、操作题

1. 使用选择工具对舞台中的对象进行变形操作。
2. 使用多角星形工具绘制各种形状的图形。
3. 使用钢笔工具绘制简单图形。
4. 使用基本形状工具绘制简单图形。

项目 3　编辑图形与输入文本

着重介绍钢笔工具、添加锚点工具、删除锚点工具、转换锚点工具等矢量线条绘制工具，以选择工具、部分选择工具、套索工具等为基础，介绍绘制对象的复制、删除、锁定、分离、排列、对齐等功能；并着重介绍创建文本、编辑文本和设置文本属性的方法。

 项目目标

- 理解钢笔工具的功能及应用。
- 掌握矢量线条编辑工具的应用。
- 熟练掌握选择、选取工具的应用。
- 熟练掌握文本的创建、编辑以及属性的修改。
- 了解对象的排列、分离。

任务 1　绘制星星

任务描述

利用多角星形工具、钢笔工具、选择工具、填充工具绘制星星，效果如图 3-1 所示。

任务目标与分析

使用"多角星形工具"绘制星形，再使用"转换锚点工具"和"部分选取工具"对其进行调整，并使用"椭圆工具"绘制出星星的表情，用"选取工具"和"删除锚点工具"对其进行调整，利用"钢笔工具"绘制心形。本任务主要是熟练掌握"钢笔工具""椭圆工具""多角星形工具"的使用，为以后创作打下坚实的基础。

图 3-1　星星

操作步骤

 ① 击"文件"→"新建"，新建一个 Flash 文档。单击"属性"面板上"属性"标签下的编辑按钮

编辑…，在弹出的"文档属性"对话框中设置，舞台大小为 250×250，帧频为 12，如图 3-2 所示，单击"确定"按钮，完成"文档属性"的设置。

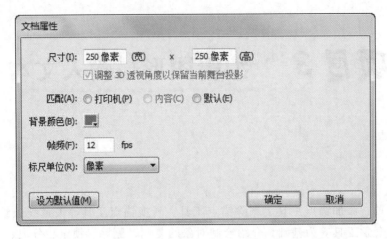

图 3-2　"文档属性"对话框设置

② 执行"插入"→"新建元件"命令，新建名称为"星星"的图形元件，如图 3-3 所示。

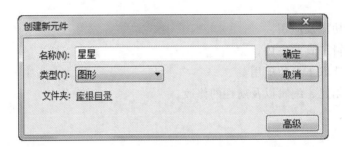

图 3-3　创建"星星"元件

③ 单击工具箱中的"多角星形工具" ⬡，在"属性"面板上单击"选项"按钮，如图 3-4 所示，设定参数，在场景中绘制一枚五角星。

④ 单击工具箱中的"转换锚点工具"按钮 ⯅，在星星顶点单击锚点，调整其形状如图 3-5 所示。

⑤ 单击工具箱中的"部分选择工具"按钮 ⯅，单击星星触角底部锚点，进一步调整星星的形状，如图 3-6 所示。

图 3-4　设定多角星形参数

图 3-5　调整顶点形状

图 3-6　调整触角形状

⑥ 新建图层 2，单击工具箱中"椭圆工具"按钮，绘制星星的眼睛，如图 3-7 所示。

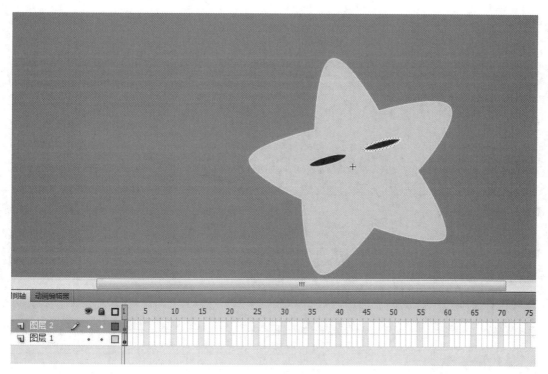

图 3-7　绘制眼睛

小提示

在同一层绘制图形时要注意不要相互粘连，否则会出现自动删减问题。一定要在图形位置确定后再取消其选择。或者新建图层，在不同层上绘制，可避免粘连。

⑦ 选择工具箱中的"部分选择工具"按钮，单击星星的眼睛，选择工具箱中的"删除锚点工具"按钮，单击星星的眼睛的锚点，减少锚点以改变眼睛的形状，如图 3-8 所示。

⑧ 选择工具箱中"椭圆工具"按钮，执行"窗口"→"颜色"命令，打开"颜色"面板，设置填充颜色值为 ♯F76C5E 到 ♯F4B993，如图 3-9 所示。

图 3-8　改变眼睛的形状

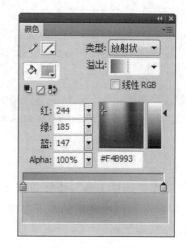

图 3-9　设定颜色

⑨ 新建图层 3，绘制粉色脸蛋，如图 3-10 所示。

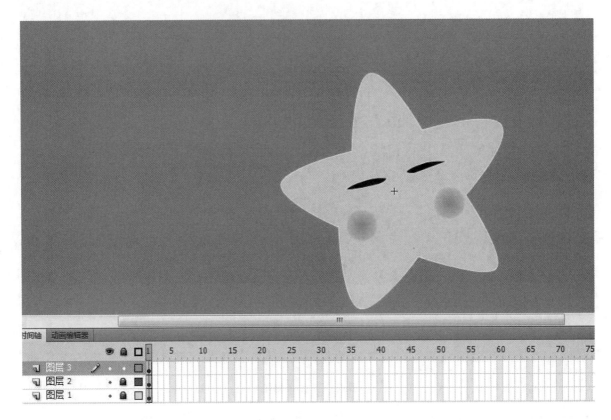

图 3-10　绘制脸蛋

⑩ 用绘制眼睛的方法绘制嘴巴，如图 3-11 所示。

⑪ 新建图层 4，选择工具箱中"钢笔工具"按钮，在场景中单击绘制心形的左半部分，如图 3-12 所示。

图 3-11　绘制嘴巴

图 3-12　绘制星星的左上半部分

⑫ 选择工具箱中"选择工具"按钮，选中绘制心形的左半部分，按住 Alt 键同时，按住鼠标左键拖动复制心形的左半部分，形成星星的左下半部分，如图 3-13 所示。

⑬ 单击"修改"→"变形"→"水平翻转"命令，用选取工具拖动曲线边缘端点，结合任意变形工具使两部分组合为一个心形，如图 3-14 所示。

图 3-13　绘制星星的左下半部分

图 3-14　调整组合成心形

⑭ 选择工具箱中"油漆桶工具"按钮，执行"窗口"→"颜色"命令，打开"颜色"面板，设置颜色类型为"纯色"，设置填充颜色值为♯FF3366，如图 3-15 所示。

⑮ 单击"油漆桶工具"对心形进行颜色填充，如图 3-16 所示。

图 3-15　设定颜色

图 3-16　颜色填充

⑯ 用同样的方法绘制另一个星星，将两个星星加入场景中，完成最终效果。

 相关知识

1. 钢笔工具

钢笔工具的主要作用是绘制贝塞尔曲线，这是一种由路径点调节路径形状的曲线。使用钢笔工具与使用铅笔工具有很大的差别，要绘制精确的路径，可以使用钢笔工具创建直线和曲线段，然后调整直线段的角度和长度以及曲线段的斜率。钢笔工具不但可以绘制普通的开放路径，还可以创建闭合的路径。

（1）绘制直线路径

选中钢笔工具（快捷键 P）后，每单击一下鼠标左键，就会产生一个节点，并且同前一个节点自动用直线相连。在绘制的同时，如果按住 Shift 键，则将线段约束为 45 度的倍数角方向上。

结束图形的绘制可以采取下面 3 种方法之一：第一，在终止点双击鼠标；第二，用鼠标单击工具箱中的钢笔工具；第三，按住 Ctrl 键单击鼠标。此时的图形为开口曲线。

如果将钢笔工具移至曲线起始点处，当钢笔工具右下角出现一个圆圈时单击鼠标，即连成一个闭合曲线。

（2）绘制曲线路径

钢笔工具最强的功能就在于绘制曲线，在添加新的线段时，在某一位置按下鼠标左键后不要松开，拖动鼠标，新节点自动与前一节点用曲线相连，并且显示出控制曲线斜率的切线；若同时按下 Shift 键，则切线的方向为 45 度的倍数角方向。使用钢笔工具绘制曲线路径具体方法如下：

① 在工具箱中选择钢笔工具。

② 在属性面板中设置笔触和填充的属性。

③ 返回到工作区，在舞台上单击，确定第一个路径点。

④ 拖曳出曲线的方向。在拖曳时，路径点的两端会出现曲线的切线手柄。

⑤ 释放鼠标，将指针放置在希望曲线结束的位置，单击，然后向相同或相反的方向拖曳。

⑥ 如果要结束路径绘制，可以按住 Ctrl 键，在路径外单击。如果要闭合路径，可以将鼠标指针移到第一个路径点上单击。

（3）转换路径点

路径点分为直线点和曲线点，要将曲线点转换为直线点，在选择路径后，使用转换锚点工具单击所选路径上已存在的曲线路径点，即可将曲线点转换为直线点。

（4）添加、删除路径点

可以用添加锚点工具和删除锚点工具为路径添加或删除路径点，从而得到满意的图形。

添加路径点的方法：选择路径，使用添加锚点工具在路径边缘没有路径点的位置单击。

删除路径点的方法：选择路径，使用删除锚点工具单击所选路径上已存在的路径点。

> **小提示**
>
> ① 只能在曲线上添加节点，在直线上无法添加节点。
>
> ② 在删除路径点时，只能删除直线点。

任务2　制作彩虹字

任务描述

利用文本工具、选择工具、填充工具创建彩虹字，效果如图 3-17 所示。

图 3-17　彩虹字

任务目标与分析

用文本工具创建文本并对其修改、编辑。

使用分离命令将其打散，得到文字的矢量图形。

利用选择、填充工具对所得到的图形进行修饰。

操作步骤

① 单击"文件"→"新建",新建一个 Flash 文档。单击"属性"面板上"属性"标签下的编辑按钮 **编辑...** (按【Ctrl＋J】组合键也可打开"文档属性"对话框),在弹出的"文档属性"对话框中设置,舞台大小为 550×400,帧频为 12,如图 3－18 所示,单击"确定"按钮,完成"文档属性"的设置。

图 3－18　设置舞台的背景颜色为黑色

② 选择工具箱中的文本工具,在属性面板中设置文本类型为"静态文本",颜色为"白色",字体为"Arial",字体样式为"Black",字体大小为"96",如图 3－19 所示。

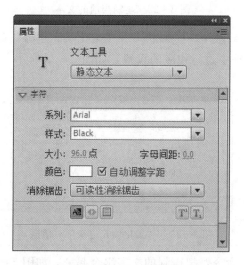

图 3－19　文本工具属性设置

③ 在舞台中输入"rainbow",如图所示 3－20 所示。

图 3－20　在舞台中输入文本

④ 单击"修改"→"分离"（快捷键【Ctrl＋B】）命令把文本分离，对于多个文字的文本框，需要分离两次才可以分离成可编辑的网格状，如图 3－21 所示。

图 3－21　把文本分离成可编辑状态

⑤ 单击"编辑"→"直接复制"命令复制文本，并将其移动到如图 3－22 所示的位置。

图 3－22　复制当前的文本

⑥ 选择下方的文本，选择"修改"→"形状"→"柔化填充边缘"命令对文本的边缘进行模糊操作，在弹出的"柔化填充边缘"对话框中进行相应的设置，如图 3－23 所示。

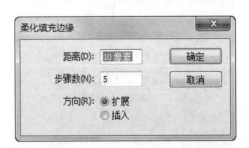

图 3－23　"柔化填充边缘"对话框

⑦ 单击"修改"→"组合"命令，把得到的文字组合起来，如图 3－24 所示。

图 3－24　把柔化边缘后的文字组合起来

⑧ 选择上方的文本，在工具箱的颜色区中选择彩虹渐变色，然后组合起来，如图 3 - 25 所示。

图 3 - 25　把上方的文字填充为彩虹渐变色

小提示

① 要给文本添加渐变色，一定要事先分离。

② Flash CS5 中的填充色和笔触颜色都可以添加渐变色。

③ 在分离多个文字的文本时，一定要分离两次才能分离到可编辑状态。

---

⑨ 选择"窗口"→"对齐"（快捷键【Ctrl＋K】）命令打开对齐面板，使用对齐面板把两个文本对齐到同一个位置，如图 3 - 26 所示。

图 3 - 26　调整文本边框渐变色方向

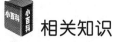 **相关知识**

一、创建文本

选择工具箱中的文本工具 **T**，这时鼠标指针会显示一个十字文本。在舞台中单击，直接输入文本即可。在工作区中单击鼠标或短距离的拖动鼠标时，将会出现带有圆形手柄的文本框。这种输入下，文本框的长度是可变的。用户输入文字时，文本框的边界会随着输入的文字的增多而不断向前扩大。如果要换行，可以按回车键。

在工作区中用鼠标拖出一个文本区域时，会出现带方形手柄的文本框。它表示文本框的长度是固定不变的。文本输入至每一行末尾时会自动换行，图 3 - 27 所示为两种类型的文本框示意图。

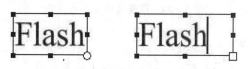

图 3 - 27　两种类型的文本框

固定长度和可变长度文本框相互之间可以转换。如果用鼠标拖动可变长度文本框的圆形手柄，则将可变文本框改变为固定长度文本框；在固定长度文本框的方形手柄上双击鼠标，也可把固定长度文本框变为可变长的文本框。

文本内容输入完毕，在文本框外任意处单击鼠标，文本框的边框和光标消失。单击文字部分，边框将重新出现，可以继续修改文字。

二、修改文本

在 Flash 中添加文本以后，可以使用文本工具进行修改，修改文本的方式有以下两种。

1. 在文本框外部修改

直接选择工具箱中的选择工具，可以对当前文本框中的所有文本进行设置。

① 选择工具箱中的选择工具，单击需要调整的文本框，如图 3-28 所示。

图 3-28　选择舞台中的文本

② 然后直接在属性面板中调整相应的文本属性。

③ 所有文本效果被同时更改。

2. 在文本框内部修改

进入文本框的内部，可以对同一个文本框中的不同文本分别进行设置。

① 选择工具箱中的文本工具，单击需要调整的文本框，进入文本框内部。

② 拖曳鼠标，选择需要调整的文本，如图 3-29 所示。

图 3-29　选择需要修改的文本

③ 然后直接在属性面板中调整相应的文本属性。

④ 所选文本效果被更改，如图 3-30 所示。

FLASH CS5

图 3-30　修改选择文本的属性

三、编辑文本对象的属性

当用户选择绘图工具栏中的文本工具后，"属性"面板上将显示与文本对象编辑相关的选项，如图 3-31 所示。由图中可以看出，其包含了对文本的常规设置如字间距、字体、字号、字体颜色、对齐方式等。

1. 文本类型

鼠标单击文本类型下拉列表框，弹出 Flash 所支持的 3 种文本类型。

静态文本：此类文本的内容在动画运行时不可修改，它是一种普通文本。

动态文本：在动画运行过程可以通过 ActionScript 脚本程序对其内容或属性进行编辑修改，但用户不能直接输入文本。

输入文本：动画运行时允许用户在输入文本框内直接输入文字，增加了动画的交互性。

2. 行类型

行类型下拉列表框只有在动态文本和输入文本类型中有效，它用于设定当文字的宽度大于文本框的宽度时，文字的显示方式。单击行类型下拉列表框，弹出下拉列表。

单行：文本框中的文字只在一行内输入或显示，如果输入的文字到达右边界，文字将自动向左卷动，此时按回车键不能使光标移到下一行。

多行：文本框中的文字可以在多行内输入或显示，如果输入的文字到达右边界，文本会自动换行。

多行不换行：也是多行模式，但输入的文字到达右边界，不会自动换行，文字将自动向左卷动，须按回车键才能使光标移到下一行。

密码：只有在输入文本中有"密码"选项，用于创建密码文本框。当将文本框设定为密码类型后，用户在文本框中输入的字符将显示为星形。

3. 超链接栏

超链接栏只有在静态文本和动态文本中有效，它的作用是为文字添加超链接。动画运行时鼠标指向此文本时，光标变为手形，单击此文字，将自动链接到指定的链接地址。

4. 改变文本方向

改变文本方向只有在静态文本框中有效，它用于设置文本文字的排列方向。单击"改变文本方向"按钮，弹出 3 个选项。"水平"表示文字从左向右水平排列；"垂直，从左向右"表示文字垂直排列，第一列在最左边，依次向右排列后面各列；"垂直，从右向左"表示文字垂直排列，列排顺序为从右向左。

图 3-31 文字对象的属性面板

四、分离文本

文本对象不能实现一些特殊的效果。为文字添加特殊效果时，需要将文本转化为矢量图形，即分解文本。需要注意的是，一旦文本被分解，就不能再返回到文本状态，不能再作为文本进行字体、段落等编辑，所以在分解文本之前须确保完成了文本内容、格式等。

分离文本的方法：用选择工具选中要分解的文字，单击菜单"修改"→"分离"设置命令，将一个含有多个文字的文本框变为单字的文本框，如图 3-32 所示。

图 3-32　多个文字的文本框变为单字的文本框

这些单字的文本框仍然是文字对象，再次单击菜单"修改"→"分离"命令，这几个字就被分解成一般的矢量图形对象，此时可以选择"部分选取工具"对它们按矢量图形的方法进行修饰，图 3-33 所示为将单个文字分解为矢量图形后再进行修饰的过程。

图 3-33　将单个文字分解为矢量图形后再进行修饰

五、排列对象

制作动画的过程中常常会有排列对象的需要，比如在一个舞台上出现多个图形，为了美观可以使用排列命令使这些图形在位置上进行有序排列，在大小上进行匹配。利用对齐面板的各项功能可以调整多个对象之间的相对位置，包括多个对象之间的排列，调整对象间的间距、匹配对象的大小等功能。

单击菜单中"窗口"→"对齐"命令，出现"对齐"面板（如图 3-34 所示）。对齐面板中有 4 类按钮，可以将对象进行不同功能的调整。按钮上的方框表示要进行对齐的对象，按钮上的直线表示对象进行调整时的参照基线。进行对齐操作时，首先选择要调整的多个对象，然后在"对齐面板"上选择进行相应调整的按钮。

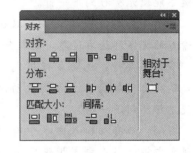

图 3-34　对齐面板

拓展训练

1. 绘制朦胧夜景，效果如图 3-35 所示。
① 使用绘图工具绘制云彩、星星。
② 使用钢笔工具绘制月亮，用套索工具辅助填充颜色。

图 3-35　朦胧夜景效果图

2. 绘制歌唱者，效果如图 3-36 所示。
① 使用"椭圆工具"绘制人物的头部。
② 使用"椭圆工具"和"矩形工具"绘制人物面部的眼睛等部位。
③ 使用"钢笔工具"绘制人物的身体部分。
④ 置入背景素材。

图 3-36　歌唱者效果图

3. 利用文本工具以及所给素材制作彩图字——幻之翼，效果如图 3-37 所示。

① 用文本工具创建文字，修改文字属性。

② 将文字分离，用墨水瓶工具为其描边，将边内部分删掉，并把镂空文字转换成元件。

③ 把背景素材导入场景，将其打散，把镂空文字放置到合适位置，将字外部分删掉，得到最终效果。

图 3-37　彩图字效果图

4. 利用文本工具以及所给素材制作立体投影字——Flash 动画，效果如图 3-38 所示。

① 把背景素材导入场景，创建文字元件，用文本工具创建文字，修改文字属性。

② 将文字元件置入场景，复制，调整位置形成倒影文字。

③ 将文字一部分复制转成镂空字，与原文字连线，得到最终效果。

图 3-38　立体投影字效果图

总结与回顾

本项目详细讲解了 Flash CS5"工具"面板中的常用的绘图编辑工具和文本的输入工具，并利用这些基本工具绘制出所需矢量图形。在制作过程中，应尽量理解操作步骤中各关键步骤的作用，结合制作分析、明确这些步骤的制作目的。

项目相关习题

一、选择题

1. 在 Flash 动画制作中使用了系统中没有安装的字体，在使用 Flash 播放时，下列说法正确的是（　　）。
    A. 能正常显示字体   B. 能显示但是使用替代字体
    C. 什么都不显示   D. 以上说法都错误

2. 在 Flash 播放器中，能够输入文本的文本框类型是（　　）。
    A. 静态文本   B. 动态文本
    C. 输入文本框   D. 以上说法都对

3. 给文本添加渐变色，需要对文本进行（　　）。
    A. 直接填充颜色   B. 组合文本后，添加渐变色
    C. 把文本转换为元件后，添加渐变色   D. 分离文本，添加渐变色

4. 在对有很多字符的文本进行"分离"后（　　）。
    A. 每个文本块中只包含 1 个字符   B. 每个文本块中只包含 2 个字符
    C. 每个文本块中只包含 3 个字符   D. 每个文本块中只包含 4 个字符

5. 使用文本工具即可在舞台上放置文字，不可以创建（　　）。
    A. 横排文本（从左到右）   B. 横排文本（从右到左）
    C. 静态的竖排文本（从左到右）   D. 静态的竖排文本（从上到下）

二、填空题

1. Flash 中的 3 种文本类型分别是_____、_____和_____。

2. 将多个字符分离的快捷键是_____。

3. 对齐的快捷键是_____。

三、判断题

1. 能自动扩展的文本块，其调整柄是圆角的，而定义了宽度或高度的文本，其调整柄是方形的。（　　）

2. Flash 中的横排文本可以设置超级链接，跳转到指定的 URL 地址。（　　）

3. 按 Ctrl＋A 键不可以选定文本块内的内部文本。（　　）

4. 在 Flash 中不能设置文本中的字符间距。（　　）

5. 文字所在的图层一定要在图片所在图层的下方。（　　）

6. 图片和文本一定要分别放置到两个不同的图层中。（　　）

7. 改变文本方向只有在动态文本框中有效。（　　）

四、操作题

1. 在舞台中输入"月到中秋"，设置字体为"黑体""红色"，字体大小为"100"。

2. 在舞台中输入"FLASH CS5"，为文本填充渐变色，并设置边框也为渐变色。

3. 为"FLASH CS5"填充位图。

项目 4　动画基础与逐帧动画

Flash 动画是由帧组成的，帧是构成动画的基本单位。制作动画的过程实际就是对帧的编辑过程，通过连续播放这些帧，就可以创建丰富多彩的动画效果。当动画涉及多个对象时，需要将各个对象放在不同的图层中，这样在对各对象编辑时才不会影响到其他对象。掌握帧和图层的基本操作，才能够使图形随着帧的播放而运动。下面通过多个任务主要介绍帧和图层的基本操作及基本动画的制作方法。

🖉 项目目标

● 掌握 Flash CS5 中图层、帧、关键帧。
● 熟练掌握 Flash CS5 中图层的操作。
● 熟练掌握 Flash CS5 中逐帧动画的制作。

任务 1　制作倒计时动画

◤ 任务描述

人们在期盼激动时刻到来之时，往往大声倒数着数字：5、4、3、2、1。在美丽的背景下，屏幕中的数字逐步由 5 变为 4、3、2、1，最后变为 GO，效果如图 4-1 所示。

图 4-1　倒计时动画效果图

任务目标与分析

制作倒计时动画,是数字由大到小逐渐减小的过程动画。在制作过程中,首先在舞台中绘制背景图,在图层2中从大到小依次在每帧上输入数字,即成逐帧动画。在制作过程中注意每帧上数字摆放位置。

① 打开 Flash CS5,新建一个 Flash 文档。单击"属性"面板上的"文档属性"设置影片尺寸为"550×400",背景为"白色",帧频为"12",如图4-2所示。

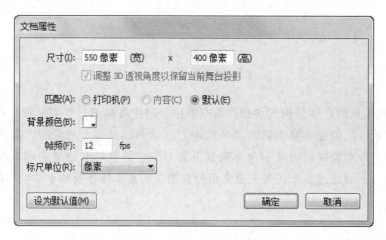

图4-2 "文档属性"对话框

② 单击工具箱中的"椭圆工具",笔触颜色设置为"#65CCFF",笔触高度为"5",填充颜色为"65FFFF",如图4-3所示,按住 Shift 键在舞台中画一背景圆。

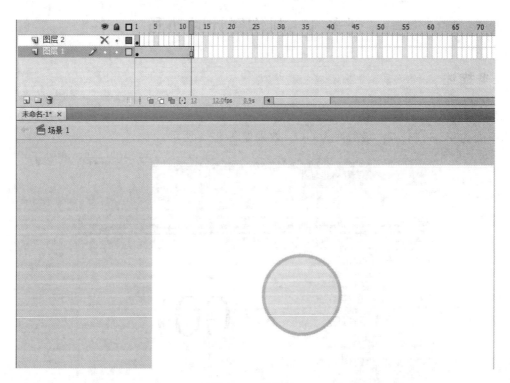

图4-3 背景圆

③ 在图层1的第12帧按F5插入帧。

④ 单击"新建图层" 按钮,新建图层2。在图层2的第1帧中用"文本工具"输入数字"5",并

将其字体设置为"隶书"，字号为"120"，颜色为"黑色"。调整数字与背景圆的位置，如图4-4所示。

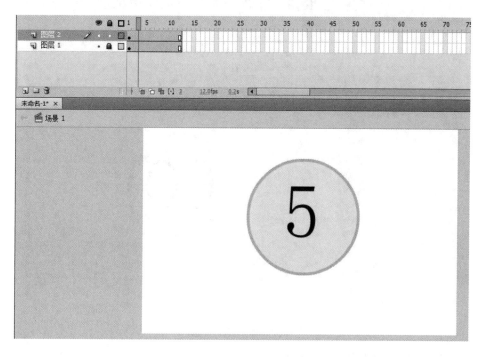

图4-4　输入数字"5"

⑤ 选中图层2的第3帧，右击并在弹出的快捷菜单中选择"插入关键帧"命令（或按F6），即在第3帧插入关键帧，单击工具箱上的"文本工具"将"5"改为"4"，如图4-5所示。

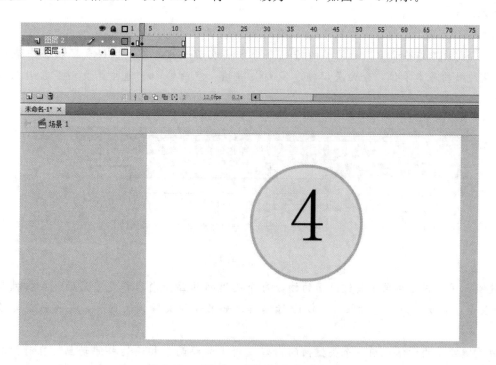

图4-5　"文本工具"将"5"改为"4"

⑥ 用同样的方法，分别在图层2的第5帧、第7帧、第9帧、第11帧插入关键帧，并使用"文本工具"将相应数字分别改为"3""2""1"和"GO"，如图4-6所示。

图 4-6　输入文字"GO"

⑦ 按【Ctrl＋Enter】组合键测试动画效果。

⑧ 单击"文件"→"保存",将文件保存。

 相关知识

1. 帧的类型

在 Flash CS5 的工作界面中,时间轴的每一个小方格表示一帧,每一帧代表了动画中某一时刻的画面。帧是组成动画的基本单位,分为关键帧、空白关键帧、空白帧和普通帧等类型。它们在时间轴中如图 4-7 所示。

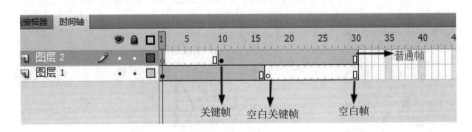

图 4-7　帧的类型

① 关键帧:用来描述动画中关键画面的帧,每个关键帧的画面内容都是不同的。关键帧用一个实心黑色小圆圈表示,表示该帧内有对象,可以进行编辑。如果删除关键帧的内容,关键帧就转换为空白关键帧。

② 空白关键帧:用于结束前一个关键帧的内容或用于分隔两个相连的补间动画。在时间轴上以一个空心圆表示,表示该帧内没有任何对象。

③ 空白帧:用一个空心矩形表示,且背景为白色,表示该帧内是空的没有任何对象。

④ 普通帧:用于延长关键帧中动画的播放时间。在时间轴中以一个灰色矩形表示,通常处于关键帧后面,只是作为关键帧之间的过渡,不能对普通帧中的图形进行编辑。

2. 帧的操作

动画制作过程就是对帧的编辑过程。帧的操作包括插入帧、选择帧、复制帧、移动帧、删除帧、清除帧和翻转帧等。

（1）插入帧

① 插入关键帧，选中需要插入关键帧的帧格，单击"插入"→"时间轴"→"关键帧"命令（或按 F6）插入关键帧；也可以右击要插入关键帧的帧格，在弹出的快捷菜单中选择"插入关键帧"。

② 插入普通帧，选中需要插入普通帧的帧格，单击"插入"→"时间轴"→"帧"命令（或按 F5）插入帧；也可以右击要插入帧的帧格，在弹出的快捷菜单中选择"插入帧"。在关键帧后插入普通帧或在已沿用的帧中插入普通帧都可延长动画的播放时间。

③ 插入空白关键帧，选中需要插入空白关键帧的帧格，单击"插入"→"时间轴"→"空白关键帧"命令（或按 F7）插入关键帧；也可以右击要插入空白关键帧的帧格，在弹出的快捷菜单中选择"插入空白关键帧"。

（2）选择帧

若要对帧进行编辑和操作，必须选中要进行操作的帧，在 Flash CS5 中选择帧的方法主要有以下 3 种方法。

① 选中单个帧，只需在时间轴上单击要选择的帧格。

② 要选择连续多个帧，可先选择第一个帧，然后按住 Shift 键，单击连续帧中的最后一帧即可选中其间的所有帧，如图 4-8 所示。

③ 要选择不连续的多帧，可先选择第一个帧，然后按住 Ctrl 键的同时依次单击要选择的帧即可，如图 4-9 所示。

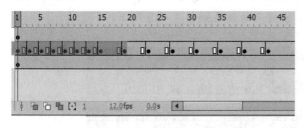 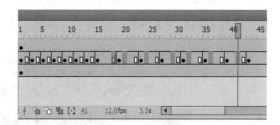

图 4-8　连续帧的选择　　　　　　　　　　图 4-9　不连续帧的选择

④ 选择一个图层中的所有帧，单击某一图层名称，即可选中该图层中的所有帧，如图 4-10 所示。

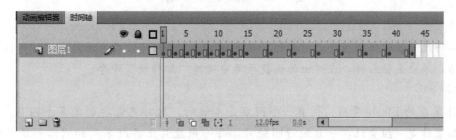

图 4-10　选择图层中的所有帧

（3）复制帧

在需要多个相同的帧时，使用复制帧的方法可以在保证帧内容完全相同的情况下提高工作效率。在 Flash CS5 中复制帧的方法有以下 2 种。

① 用鼠标右击要复制的帧，在弹出的快捷菜单中选择"复制帧"命令，然后用鼠标右击要复制的目标帧，在弹出的快捷菜单中选择"粘贴帧"命令。

② 选中要复制的帧，然后按住 Alt 键将其拖动到要复制的位置。

对普通帧、关键帧和空白关键帧都可以采用这种方法进行复制，不过普通帧或关键帧复制后的目标帧都为关键帧。

　　（4）移动帧

　　在 Flash CS5 中，移动帧的方法有以下 2 种。

　　① 选中要移动的帧，然后按住鼠标左键将其拖到要移动的新位置即可。

　　② 选中要移动的帧，单击鼠标右键，在弹出的快捷菜单中选择"剪切帧"命令，然后在目标位置再次单击鼠标右键，在弹出的快捷菜单中选择命令。

　　（5）删除帧

　　删除帧用于将选中的帧从时间轴中完全清除，执行删除帧操作后，被删除帧后面的帧会自动前移并填补删除帧所占的位置。在 Flash CS5 中删除帧的方法是选中要删除的帧，然后单击鼠标右键，在弹出的快捷菜单中选择"删除帧"命令，删除帧前后的效果如图 4-11 所示。

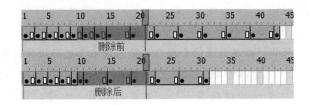

图 4-11　删除前后效果图

　　（6）清除帧

　　清除帧用于将选中的所有内容清除，但继续保留该帧所在的位置，在对变通帧或关键帧执行清除帧操作后，可将其转化为空白关键帧。在 Flash CS5 中清除帧的方法是选中要清除的帧，然后单击鼠标右键，在弹出的快捷菜单中选择"清除帧"命令，清除帧前后的效果如图 4-12 所示。

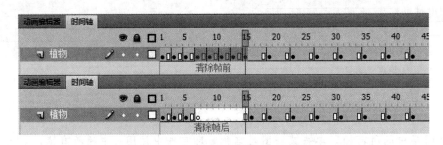

图 4-12　清除帧前后效果图

　　（7）翻转帧

　　翻转帧可以将选中帧的播放顺序进行颠倒，在 Flash CS5 中翻转帧的方法是在"时间轴"面板中选中要翻转的所有帧，单击鼠标右键，在弹出的快捷菜单中选择"翻转帧"命令。

　　3. 图层的简介

　　如果要制作复杂的 Flash 动画，仅有一个图层是不够的，这时就需要创建多个图层。在 Flash 动画中，可以把图层看作是一组叠放在一起的透明胶片，每一张胶片上存放不同的内容，这些胶片叠加在一起就形成了一幅复杂的图画。

　　在 Flash 动画中，各图层之间都是相互独立的，对每一图层内容进行修改时不会影响其他图层的对象。当创建一个新的 Flash 文档时，系统会自动创建一个名为"图层 1"的图层。

4. 图层的分类

在 Flash CS5 界面中，图层分为普通图层、引导图层和遮罩图层，如图 4-13 所示。

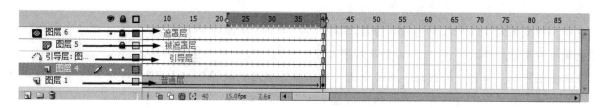

图 4-13　图层分类

（1）普通图层

普通图层的图标为 ，当创建一个新的 Flash 文档时，系统自动会创建一个普通图层。

（2）引导图层

引导图层的图标为 ，引导层中的内容主要用于为特定的路径来引导对象运动。

（3）遮罩图层

遮罩图层的图标为 ，被遮罩图层的图标为 ，使用遮罩图层后，被遮罩图层的内容只有在遮罩图层中填充色块下才能显示出来。

5. 图层的基本操作

（1）创建和删除图层

在 Flash CS5 中，图层是按建立的先后，由下到上统一入放置在"时间轴"面板中的，最先建立的图层放置在最下面，当然用户也可以通过拖曳调整图层的顺序。

在新建的 Flash 文档中只有一个图层，在制作动画时，可根据需要创建新的图层。创建图层有 3 种方法。

① 执行"插入"→"图层"命令。

② 在"时间轴"面板中，右击需要添加图层的位置，在弹出的快捷菜单中单击"插入图层"命令。

③ 在"时间轴"面板中，单击"新建图层"按钮。

删除图层可使用如下方法。

① 在"时间轴"面板中，右击需要删除的图层，在弹出的快捷菜单中单击"删除图层"命令。

② 选择需要删除的图层，在"时间轴"面板中单击"删除图层按钮" 。

（2）更改图层名称

在创建新的图层时，系统会按照默认名称为图层依次命名。为了更好地区分每个图层的内容，可以更改图层名称。双击想要重命名的图层名称，然后输入新的名称即可。

（3）选择图层

在 Flash CS5 中，选择图层主要有以下 3 种方法。

① 在"时间轴"面板上直接单击所要选取的图层名称。

② 在"时间轴"面板上单击所要选择的图层包含的帧，即可选择该图层。

如果需要同时选择多个图层，可以按住 Shift 键选择连续多个图层，也可以按住 Ctrl 键选择多个不连续的图层。

小提示

图层的排列顺序不同，会影响到图形的重叠形式，排列在上面的图层会遮挡下面的图层。在面板中，用鼠标拖曳图层，可以改变图层的排列顺序。

（4）图层的其他操作

锁定图层：选择需要锁定的图层，单击"时间轴"面板中的"锁定图层"按钮 即可锁定图层。再次单击"锁定图层"按钮，可以解除图层的锁定状态。

显示和隐藏图层：选择需要隐藏的图层，单击"时间轴"面板中的"显示/隐藏所有图层"按钮 ，即可隐藏当前图层。再次单击"显示/隐藏所有图层"按钮，即可显示隐藏的图层。

显示图层轮廓：单击"时间轴"面板中的"显示所有图层的轮廓"按钮 ，将所有图层的轮廓显示出来，再次单击该按钮，即可取消图层的轮廓显示。

任务 2　制作跳跳兔动画

📐 任务描述

通过逐帧动画，制作出一个蹦蹦跳跳的可爱小兔。

🔗 任务目标与分析

本实例首先绘制一个简单的背景，然后将一系列的不同图像导入到场景中，并分别放置在同一图层的不同关键帧上，并调整到合适的位置，完成逐帧动画的制作过程。

🖱 操作步骤

① 启动 Flash CS5，单击"文件"→"新建"命令，新建一个 Flash 文档，单击"属性"面板上的"编辑"按钮，在弹出的对话框中设置影片尺寸为"400×400"，背景颜色为"白色"，帧频为"15"，如图 4-14 所示。单击按钮，完成"文档属性"对话框的设置。

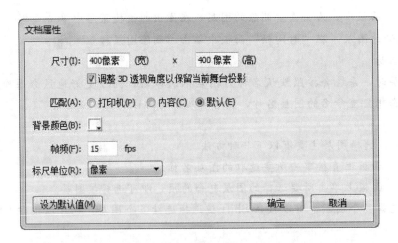

图 4-14　设置"文档属性"对话框

② 在工具箱面板中单击"矩形工具"，在"颜色"面板上设置"笔触颜色"值为"无"，"填充颜色"值分别为#04B1FB、#D9F8FB、#E6E6E6 的"线性"渐变，如图 4-15 所示。在舞台中画"400×400"矩形。

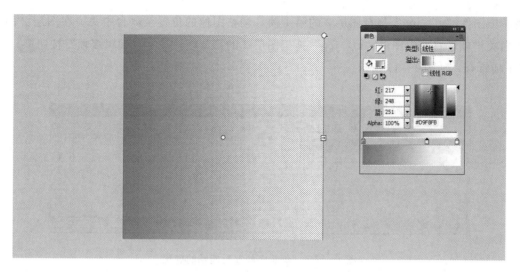

图 4-15　"颜色"面板及渐变矩形

③ 单击工具箱中的"渐变变形工具",调整渐变的角度。新建"图层 2",单击"文件"→"导入"→"导入到库",在弹出的"项目 4 \ 素材 \ xt1.png~xt7.png"导入库中,如图 4-16 所示。

图 4-16　调整矩形渐变角度、将素材导入到库

小技巧

① 按住 Shift 可以选择连续多个图像一次导入到库。按住 Ctrl 可以选择不连续多个图像一次导入到库。

② 除了导入的 PNG 格式可以支持透底效果外,GIF 格式也支持透底效果。

③ 将 PNG 导入到库,在库中自动生成一个图形元件。

④ 将库中图像"xt1.jpg"拖至图层 2 的第 1 帧，调整图像的位置至舞台中央。在图层 2 的第 2 帧按 F7 插入空白关键帧，将库中图像"xt2.jpg"拖至图层 2 的第 2 帧，按下"编辑多帧"按钮，调整图像位置与第 1 帧重合，如图 4-17 所示。

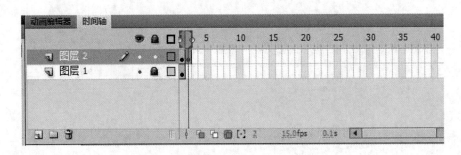

图 4-17 "编辑多帧"时间轴的变化

⑤ 同理，完成第 3 帧—第 7 帧的制作，场景效果如图 4-18 所示。

图 4-18 最终效果图

⑥ 最后，在图层 1 的第 7 帧按 F5 插入帧，时间轴如 4-19 所示。

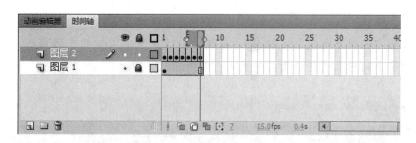

图 4 - 19　最终时间轴效果

⑦ 按【Ctrl＋Enter】组合键预览动画。

⑧ 单击"文件"→"保存",将文件保存。

 ### 相关知识

1. "绘图纸外观"模式

单击时间轴下方的"绘图纸外观"按钮 ，会看到当前帧以外的其他帧,它们以不同的透明度来显示,但是不能选择,如图 4 - 20 所示。这时在时间轴上会多了一个大括号,这是绘图纸的显示范围,只须要拖曳该大括号,就可以改变当前绘图纸工具的显示范围了。

图 4 - 20　"绘图纸外观"效果

2. "绘图纸外观轮廓"模式

单击时间轴下方的"绘图纸外观轮廓"按钮 ，在舞台中的对象会只显示边框轮廓,而不显示填充,如图 4 - 21 所示。

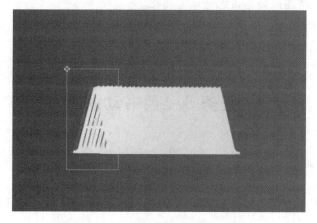

图 4 - 21　"绘图纸外观轮廓"模式

3. "编辑多个帧"模式

单击时间轴下方的"编辑多个帧"按钮，在舞台中只会显示关键帧中的内容，而不显示补间的内容，并且可以对关键帧中的内容进行修改，如图4-22所示。

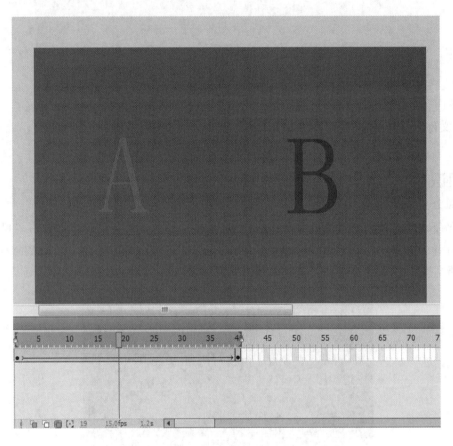

图4-22 "编辑多个帧"模式

4. "修改绘图纸标记"

单击时间轴下方的"修改绘图纸标记"按钮，可以对绘图纸的显示范围进行控制，其下拉列表如图4-23所示。

① 始终显示标记：选中后，不论是否启用绘图纸模式，都会显示标记。

② 锚记绘图纸：在默认情况下，启用绘图纸范围是以目前所在的帧为标准的，如果当前帧改变，绘图纸的范围也会跟着变化。

③ 绘图纸2帧、绘图纸5帧、绘图纸全部：快速地将绘图纸的范围设置为2帧、5帧以及全部帧。

图4-23 "修改绘图纸标记"下拉列表

任务3　翻书动画

任务描述

一页页书翻动的过程就是一个简单的动画，如何实现这个动画效果？本任务详细讲解制作一页页书翻开的动画效果。

任务目标与分析

本任务通过绘图工具绘制书页，并对每一帧中的书页进行调整，利用翻转帧命令实现翻书效果。

操作步骤

① 新建一个 Flash 文档，单击"修改"→"文档"命令，打开"文档属性"对话框，设置影片大小为"400×200"像素，背景颜色"#666666"，如图 4-24 所示。

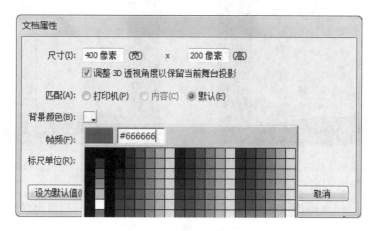

图 4-24　设置"文档属性"

② 单击工具箱中"矩形工具"绘制一矩形，利用"选择工具"调整书页形状，如图 4-25 所示。

图 4-25　绘制书页

③ 选择书页的右边一页，按【Ctrl+C】组合键进行复制，并在图层 1 的第 25 帧处按 F5 键插入帧。

④ 在图层 1 中单击按钮，将图层 1 锁定。

⑤ 单击"时间轴"面板中的"新建图层"按钮，新建图层 2，如图 4-26 所示。

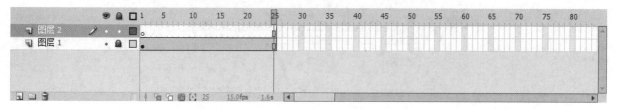

图 4-26　锁定"图层 1"并新建"图层 2"

⑥ 执行"编辑"→"粘贴到当前位置"命令，将复制的书页粘贴到图层2。

⑦ 在图层2的第3帧按F6键插入关键帧，并调整图形的形状，如图4-27所示。

⑧ 按照上面的方法分别在第5、7、9、11、13、15、17和19帧处插入关键帧，并分别调整每个帧中的图形，使其具有翻转的效果，如图4-28所示。

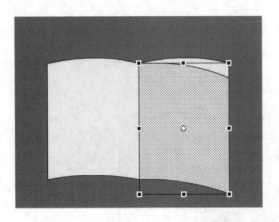

图4-27 调整第3帧图形的形状

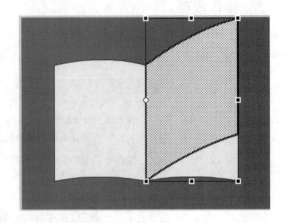

图4-28 调整翻转效果

⑨ 选中图层2的第1帧至第19帧之间的所有帧，单击鼠标右键，在弹出的快捷菜单中选择"复制帧"选项。

⑩ 选中图层2中第20帧至25帧的普通帧，将其删除。

⑪ 然后在第21帧处单击鼠标右键，在弹出的快捷菜单中选择"粘贴帧"，完成复制，如图4-29所示。

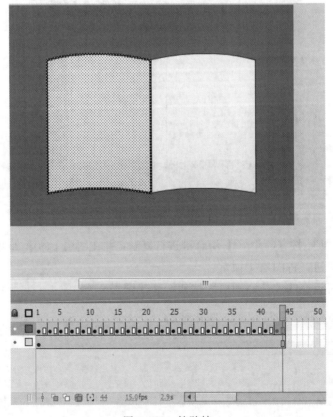

图4-29 粘贴帧

⑫ 选择图层 2 的第 21 帧至第 38 帧，单击鼠标右键，在弹出的快捷菜单中选择"翻转帧"选项，将选择的帧进行翻转。

⑬ 选择图层 1 的第 38 帧，按 F5 键插入帧。

⑭ 单击工具箱面板中的"任意变形工具"按钮，然后选择图层 2 中的第 37 帧处的图形，将中心点移到书页左侧边缘居中位置，如图 4-30 所示。

⑮ 单击"修改"→"变形"→"水平翻转"命令，翻转图形，并调整图形，如图 4-31 所示。

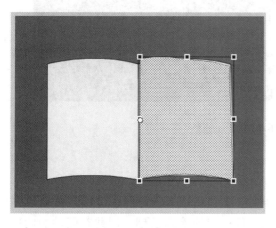

图 4-30　调整中心点位置

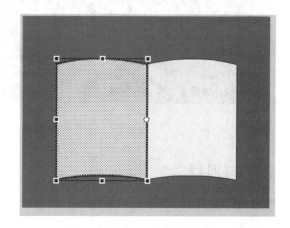

图 4-31　水平翻转

⑯ 按照上面的方法分别翻转并调整第 21 帧至第 36 帧中的图形。

⑰ 按【Ctrl＋Enter】组合键预览动画。

⑱ 单击"文件"→"保存"，将文件保存。

拓展训练

1. 利用逐帧动画制作"精彩 FLASH 动画"，效果如图 4-32 所示。

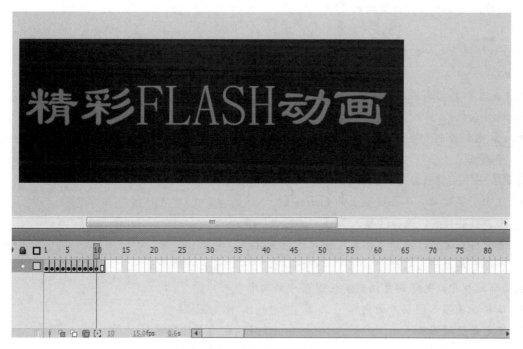

图 4-32　动画效果

2. 利用逐帧制作山水动画，其效果如图4-33所示。

图4-33　山水动画

总结与回顾

本项目对 Flash CS5 中的基本动画类型逐帧动画的基本概念和创建方法进行了介绍，并通过多个任务，对逐帧动画进行了针对性的学习。由于逐帧动画要求具备一定的绘画基础，因此补间动画的应用比较多，这将在下一项目中具体学习。除了本项目所提供的任务外，还要进行实战演练，从而制作出更加五彩缤纷的动画。

项目相关习题

一、选择题

1. Flash 动画中插入空白关键帧的是（　　　）。
　A. F5　　　　　　　　B. F6　　　　　　　　C. F7　　　　　　　　D. F8
2. 将图形转换为元件的快捷键是（　　　）。
　A. F8　　　　　　　　B. F6　　　　　　　　C. F7　　　　　　　　D. F5
3. 元件与导入到动画的图片文件，一般存储在（　　）面板中。
　A. 属性面板　　　　B. 滤镜面板　　　　C. 对齐面板　　　　D. 库面板
4. 把对象完全居中于整个舞台，应用（　　）面板。
　A. 库面板　　　　　B. 属性面板　　　　C. 对齐面板　　　　D. 动作面板
5. 要删除一个关键帧，可以执行（　　　）。
　A. 选中引关键帧，单击键盘上的 Delete 键
　B. 选中引关键帧，选择"插入"→"删除帧"命令
　C. 选中引关键帧，选择"插入"→"清除关键帧"命令
　D. 选中引关键帧，选择"编辑"→"时间轴"→"删除帧"命令
6. 在操作过程中，为了避免编辑其他图层中的内容，可以（　　　）。
　A. 以轮廓来显示图层中的内容　　　　　　B. 删除图层
　C. 锁定或隐藏图层　　　　　　　　　　　D. 继续新建图层

二、填空题

1. 打开库面板的快捷键是_____。

2. 选择所有帧的快捷键是_____。

3. 在 Flash CS5 界面中，图层分为_____、_____、和_____。

4. 组成动画的基本单位是_____。

三、判断题

1. 在任何情况下，只能有一个图层处于当前层。 (   )

2. 空白关键帧是在时间轴上以一个空心的小圆圈表示。 (   )

3. 创建逐帧动画不需要为每一帧都定义关键帧。 (   )

4. 在面板中，用鼠标拖曳图层，可以改变图层的排列顺序。 (   )

四、操作题

1. 利用逐帧动画，创建一个开口笑的笑脸。

2. 创建逐个显示"欢迎光临窝窝小屋"的逐帧动画。

项目5 创建元件与补间动画

Flash 动画原理与 Gif 动画的原理是完全一样的。Flash CS5 主要提供了 6 种类型的动画效果和制作方法，具体包括逐帧动画、补间形状动画、补间动画、传统补间动画、引导层动画和遮罩动画。本项目重点介绍元件的创建、编辑方法，通过 5 个任务介绍补间的类型、创建、编辑以及形状补间动画、传统补间动画、引导层动画和遮罩动画等动画类型的制作方法。

 项目目标

- 了解元件的类型。
- 理解元件的作用。
- 掌握元件创建和编辑的方法。
- 熟练掌握运动补间动画的制作方法。
- 熟练掌握形状补间动画的制作方法。
- 熟练掌握运动引导层动画的制作方法。
- 熟练掌握遮罩动画的制作方法。

任务 1 元件的运用

元件是 Flash 中一种最重要、最基本的元素。在 Flash CS5 中，如果一个对象被频繁地使用，就可以将它转换为元件，这样可以有效地减小动画文件的大小。当前动画中的所有元件都保存在元件库中，元件库可以理解为一个仓库，用于专门存放动画中的素材。把元件从库面板中拖曳到舞台上，即可创建当前元件的实例，就好像孙悟空的分身一样，可以拖曳很多实例到舞台上，重复地应用。

任务描述

本任务要制作一个现代化的小型社区，利用创建和使用元件的方法将"幼儿园""小房子""喷泉""小树林""流光""酒店"等元素集结在形象的地球上，映衬着美丽的星空背景，动感十足。

任务目标与分析

通过创建不同类型的元件，来理解不同元件的区别。通过元件的创建使用，理解元件在动画制作过程中的诸多好处，元件不仅可以简化影片的编辑，也可以反复调用却不增加文件的体积。本任务主要讲解各类元件的创建和编辑方法。

 操作步骤

① 导入"星空"背景图片，放置于图层 1 的第 1 关键帧处，如图 5-1 所示。

图 5-1　舞台显示的背景

② 将流星图片导入舞台，选中后选择"转换为元件"选项，设置元件名称和类型，如图 5-2 所示。

图 5-2　转换为元件窗口

③ 在影片剪辑元件的编辑窗口，为图层 1 中的流星设置动画，改变首尾帧的流星位置，并创建传统运动补间动画。在图层 2 第 10 帧处，插入关键帧，从库中将"流星"影片剪辑元件拖放至舞台合适位置，在第 20 帧处插入关键帧，其间创建传统补间动画即可。最后，将"流星"影片剪辑元件拖放到主场景中图层 2 的第 110 帧处即可，如图 5-3 所示。

④ 制作"登场动画"影片剪辑元件。导入地球图片，放置于影片剪辑编辑状态下的图层 1 中作背景使用。在图层 2、3、4、5、6、7 中分别放置图形元件"幼儿园""小房子""喷泉""小树林""流光""酒店"等，以"幼儿园"图形元件为例，在图层 3 的第 67 帧处，导入"幼儿园"图片，并转换成图形元件，如图 5-4 所示。

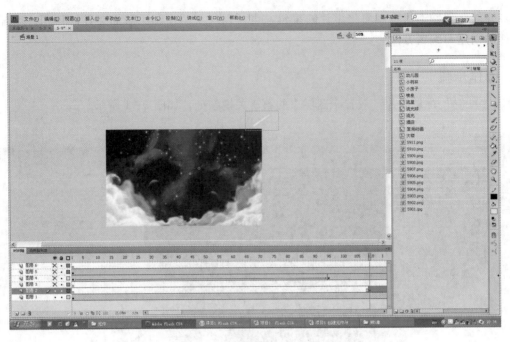

图 5-3 添加"流星"影片剪辑元件

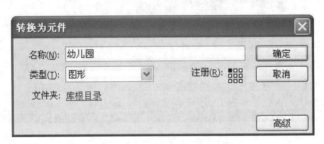

图 5-4 创建"幼儿园"图形元件

⑤ 设置第 67 关键帧到第 76 关键帧之间的传统补间动画效果，使幼儿园由小变大，如图 5-5 所示。

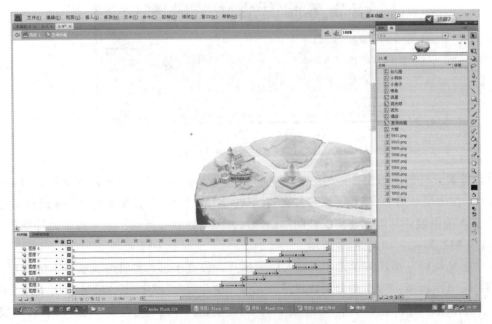

图 5-5 "幼儿园"动画的设置

同理制作其他几个图层中的对象。

⑥ 将"登场动画"影片剪辑元件放置于主场景中图层 4 的第 1 帧，并设置该元件由下向上运动的补间动画，如图 5-6 所示。

图 5-6　主场景中的"登场动画"影片剪辑元件

⑦ 在主场景的图层 6 第 1 关键帧处，绘制按钮，如图 5-7 所示。

图 5-7　绘制按钮形状

⑧ 在按钮形状上右单击鼠标，选择"转换为元件"命令，打开元件转换对话框，设置元件名称为按钮，元件类型为按钮，如图5-8所示。

图5-8 创建按钮元件

在按钮元件上右单击，选择快捷菜单中的"动作"，打开动作面板，输入脚本语句：

on（release）

{getURL（" http：//www. hao123. com/? tn = 62002018 _ 22 _ hao _ pg"）；

}

实现单击按钮时，自动连接到hao123网址的功能。

⑨ 最后，在图层5中最后一帧处添加动作脚本 stop（）；语句，使动画播放一遍后自动停止，效果如图5-9所示。

图5-9 效果图

 相关知识

1. Flash CS5 中的元件

所谓元件就是在元件库中存在的各种图形、动画、按钮或者引入的声音和视频文件。

在 Flash CS5 中创建元件有很多好处，主要包括以下方面。

① 可以简化影片的编辑。在影片制作过程中，把多次重复使用的素材转换成元件，不仅可以反复调用，而且在修改元件的时候所有的实例都会随之更新，而不必逐一进行修改。

② 使用元件还可以大大减小文件的体积，因为反复调用相同的元件不会增加文件量。

③ 将多个分离的图形素材合并成一个元件后，需要的存储空间远远小于单独存储时占用的空间。

2. 元件的类型

Flash CS5 中，元件一共有 3 种类型，分别是图形元件、按钮元件和影片剪辑元件。不同的元件类型适合不同的应用情况，在创建元件时首先要选择元件的类型。

① 图形元件：常用于静态的图像或简单的动画，它可以是矢量图形、图像、动画或声音。图形元件的时间轴和影片场景的时间轴同步运行，交互函数和声音不会在图形元件的动画序列中起作用。

② 按钮元件：用户可以在影片中创建交互按钮，通过事件来激发它的动作。按钮元件有 4 种状态，即弹起、指针经过、按下和点击。每种状态都可以通过图形、元件及声音来定义。在创建按钮元件时，按钮的编辑区域会提供这 4 种状态帧，当用户创建了按钮之后，就可以给按钮实例分配动作了。

③ 影片剪辑元件：影片剪辑元件支持 ActionScript 和声音，具有交互性，是用途和功能最多的元件。影片剪辑元件本身就是一段小动画，可时包含交互控制、声音以及其他影片剪辑的实例，也可以将它放置在按钮元件的时间轴内来制作动画按钮，但是影片剪辑元件的时间不随创建的时间轴同步运行。

任务 2 形状补间动画制作

形状补间动画是 Flash 中非常重要的表现手法之一，其可以变幻出各种奇妙的、不可思议的变形效果。形状补间动画可以是对物体外观、轮廓、颜色等的改变，但必须把物体分离为像素才能做成功。

任务描述

变幻无穷的文字总是能够引起人们的注意，所以广告中的动态文字总是设计者们绞尽脑汁体现的独特部分，本任务就以楼房销售广告为例（如图 5-10 所示），讲解形状补间动画的制作方法。

图 5-10 楼房销售广告

任务目标与分析

Flash CS5 中的形状补间动画只能对分离后的可编辑对象或者是绘制模式下生成的对象添加动画效果。使用补间形状，可以轻松地创建几何变形和渐变色改变的动画效果。通过不同对象之间的形状转换，来学习形状补间动画的制作过程和方法。

操作步骤

1. 创建新文档

执行"文件"→"新建"命令，在弹出的对话框中选择"常规"→"Flash 文档（ActionScript 2.0）"选项后，单击"确定"按钮，新建一个影片文档，在"属性"面板上设置文件大小为 500×400 像素，"背景色"为白色，如图 5-11 所示。

图 5-11　"文档属性"面板

2. 创建背景图层

执行"文件"→"导入"→"导入到舞台"命令，将名为"皇家帝景.jpg"图片导入场景中，在属性面板中设置图片的位置和大小，参数如图 5-12 所示。

图 5-12　图片的位置和大小参数

3. 文字编辑

① 在图层 1 上方新建图层 2，选定图层 2 的第 1 帧，并选择工具箱中的"文本工具"，在图层 2 中输入"皇家帝景"字样，如图 5-13 所示。

图 5-13　添加文本效果图

② 字符参数设置，如图 5 - 14 所示。

图 5 - 14　文本属性面板

③ 选中文字"皇家帝景"，两次执行"修改"→"分离"命令，将文字分离为像素。

④ 选中图层 2 的第 10 帧，右单击鼠标在快捷菜单中选择"插入关键帧"命令，在图层 2 的第 50 帧处右单击鼠标，选择"插入关键帧"命令，并将文字"皇家帝景"删除，输入"绝版尊贵水岸生活"字样，同时两次分离命令，如图 5 - 15 所示。

图 5 - 15　分离文本

⑤ 选中图层 2 中第 10 帧到第 50 帧中的任意一帧，右单击选择快捷菜单中的"创建补间形状"命令，时间线上会出现一条浅绿色背景的箭头，如图 5 - 16 所示。

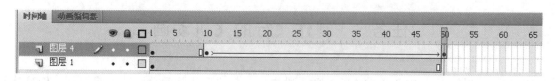

图 5 - 16　时间轴

⑥ 选中图层2的第60帧，右单击鼠标，在快捷菜单中选择"插入帧"命令，选中图层1的第60帧，右单击鼠标，在快捷菜单中选择"插入帧"命令，如图5-17所示。

图5-17 效果图

⑦ 按下【Ctrl+Enter】组合键测试影片。

 相关知识

1. 形状补间动画的概念

在一个关键帧中绘制一个形状，然后在另一个关键帧中更改该形状或绘制另一个形状，Flash根据二者之间的帧的值或形状来创建的动画被称为"形状补间动画"。

2. 构成形状补间动画的元素

形状补间动画可以实现两个图形之间颜色、形状、大小、位置的相互变化，其变形的灵活性介于逐帧动画和动作补间动画二者之间，使用的元素多为用鼠标或压感笔绘制出的形状，如果使用图形元件、按钮、文字，则必先"分离"才能创建变形动画。

3. 形状补间动画在时间帧面板上的表现

形状补间动画建好后，时间帧面板的背景色变为淡绿色，在起始帧和结束帧之间有一个长长的箭头。

4. 创建形状补间动画的方法

在时间轴面板上动画开始播放的地方创建或选择一个关键帧并设置要开始变形的形状，一般一帧中以一个对象为好，在动画结束处创建或选择一个关键帧并设置要变成的形状，在第一个关键帧处右单击，并选择快捷菜单中的"创建补间形状"命令，一个形状补间动画就创建完成了。此时，时间线上将会出现一条淡绿色背景的箭头，表示形状补间动画创建成功，如果出现的是一条虚线，则表示创建不成功。

任务3 制作飞行的飞机动画

传统补间动画也是Flash中非常重要的表现手段之一，与"形状补间动画"不同的是，传统补间动画的对象必需是"元件"或"成组对象"。运用传统补间动画，可以设置元件的大小、位置、颜色、透明度、旋转等种属性，配合其他的手法，甚至能做出令人称奇的仿 3D 的效果来。

任务描述

巍巍群山，茫茫云海，轻烟似的白云缓缓飘过，一架飞机由近而远地飞去，渐渐消失在远方，如图 5-18所示。本例制作不难，但通过它，可以掌握创建传统补间动画的方法。

图 5-18　飞行的飞机动画效果图

任务目标与分析

通过元件由大变小的改变，来实现飞机由远及近的动画效果；通过元件透明度的变化来实现飞机在天空若隐若现的效果，从而实现传统补间动画的创建。

操作步骤

1. 设置影片文档属性

执行"文件"→"新建"命令，在弹出的面板中选择"常规"→"Flash 文档"选项后，点击"确定"按钮，新建一个影片文档，在"属性"面板上设置文件大小为 650×255 像素，"背景色"为白色，如图 5-19 所示。

图 5-19　文档属性面板

2. 创建背景图层

① 执行"文件"→"导入"→"导入到舞台"命令,将"巍峨群山.jpg"图片导入到场景中。

② 调整"属性"面板参数,调整图片在舞台上的位置和大小,使其与舞台刚好重合。

③ 选择第100帧,按F5键,添加普通帧,如图5-20所示。

图5-20 舞台背景

3. 创建飞机元件

① 创建飞机元件:执行"插入"→"新建元件"命令,新建一个图形元件,名称为"飞机",如图5-21所示。

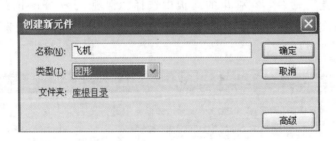

图5-21 创建飞机图形元件

② 单击"确定",进入新元件编辑场景,选择第1帧,执行"文件"→"导入"→"导入到舞台"命令,将"飞机.jpg"图片导入到场景中,如图5-22所示。

4. 创建白云元件

① 单击"插入"→"新建元件"命令,新建一个图形元件,名称为"白云"。

② 单击"确定",进入新元件编辑场景,选择第1帧,执行"文件"→"导入"→"导入到舞台"命令,将名为"白云.jpg"的图片导入到场景中,如图5-23所示。

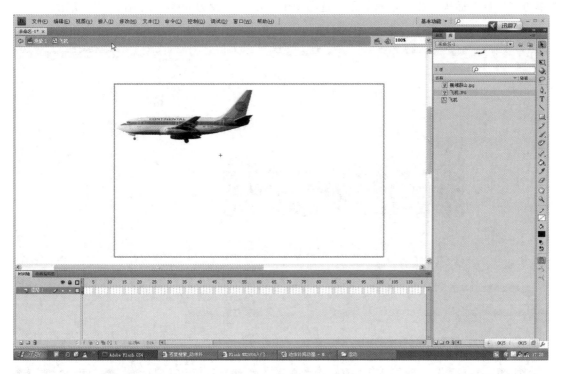

图 5-22　舞台中的飞机元件

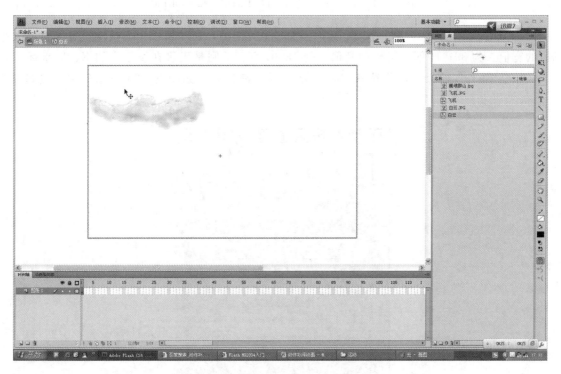

图 5-23　拖放白云图形元件到舞台

5. 创建飞机飞行效果

① 单击时间轴右上角的"编辑场景"按钮，选择"场景 1"，转换到主场景中。

② 新建一层，把库里名为"飞机"的元件拖到场景的左侧，执行"修改"→"变形"→"水平翻转"命令，将飞机元件实例的水平翻转。

③ 单击"属性"面板，将"色彩效果"选项中的 Alpha 值设为 80%，如图 5-24 所示。

图 5-24　第一帧中飞机在场景中的位置和 Alpha 值

④ 单击"图层 2"的第 100 帧，按 F6 键，添加一个关键帧，在"属性"面板中设置飞机的大小，W值是飞机的宽值，为 32；H 值是飞机的高值，为 18.9；X、Y 则是飞机在场景中的 X、Y 坐标，分别是628.5，51。在"属性"面板上，设置 Alpha 值为 20%，参数设置如图 5-25 所示，时间线如图 5-26所示。

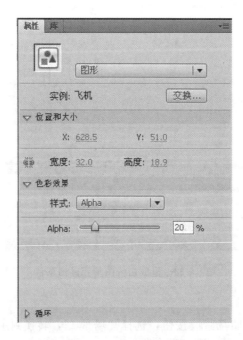

图 5-25　飞机的属性面板

图 5-26　飞机的末尾帧设置

⑤ 用鼠标右键单击图层 2 的第 1 帧，选择"创建传统补间"，并勾选"属性"面板中的补间选项内的"缩放""贴紧"和"同步"，如图 5-27 所示，效果如图 5-28 所示。

图 5-27　勾选传统补间中的选项

图 5-28　飞机元件动画部分制作完成

6. 创建白云飘过的效果

① 新建一层，从库中拖出名为"白云"的元件，放置在背景图右侧的山峰处，设置 Alpha 值为 80%。

② 在第 100 帧处添加关键帧，把元件移到场景的左上方，设置 Alpha 值为 40%。

③ 用鼠标右键单击图层的第 1 帧，选择"创建传统补间"，如图 5 - 29 所示。

图 5 - 29　为白云添加补间动画

④ 执行"控制"→"测试影片"命令，观察动画效果。

⑤ 如果满意，执行"文件"→"保存"命令，将文件保存成"飞机飞行.fla"，也可以将动画导出成 Flash 的播放文件，执行"文件"→"导出"→"导出影片"命令，保存成"飞机飞行.swf"文件。

 相关知识

传统补间动画也是 Flash 中非常重要的表现手段之一，与"形状补间动画"不同的是，传统补间动画的对象必需是"元件"或"成组对象"。

运用传统补间动画可以设置元件的大小、位置、颜色、透明度、旋转等种种属性，配合其他的手法，甚至能做出令人称奇的仿 3D 的效果来。本项目详细讲解了传统补间动画的特点及创建方法，并区分了传统补间动画和形状补间动画的不同。

1. 传统补间动画的概念

在一个关键帧上放置一个元件，然后在另一个关键帧改变这个元件的大小、颜色、位置、透明度等，Flash 根据二者之间的帧的值创建的动画被称为传统补间动画。

2. 构成传统补间动画的元素

构成传统补间动画的元素是元件，包括影片剪辑、图形元件、按钮、文字、位图、组合等，但不能是形状，只有把形状"组合"或者转换成"元件"后才可以做传统补间动画。

3. 传统补间动画在时间帧面板上的表现

传统补间动画建立后，时间帧面板的背景色变为淡紫色，在起始帧和结束帧之间有一个长长的箭头，如图 5 - 30 所示。

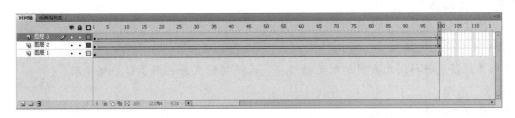

图 5-30 动作补间动画在时间帧上的表现

4. 形状补间动画和传统补间动画的区别

形状补间动画和传统补间动画都属于补间动画。前后都各有一个起始帧和结束帧，二者之间的区别如表 5-1 所示。

表 5-1 传统补间动画与形状补间动画的区别

区别之处	传统补间动画	形状补间动画
在时间轴上的表现	淡紫色背景加长箭头	淡绿色背景加长箭头
组成元素	影片剪辑、图形元件、按钮、文字、位图等	如果使用图形元件、按钮、文字，则必先打散再变形
完成的作用	实现一个元件的大小、位置、颜色、透明等的变化	实现两个形状之间的变化，或一个形状的大小、位置、颜色等的变化

5. 创建传统补间动画的方法

在时间轴面板上动画开始播放的地方创建或选择 1 个关键帧并设置 1 个元件，1 帧中只能放 1 个元件，在动画要结束的地方创建或选择 1 个关键帧并设置该元件的属性，再右单击开始帧，在弹出的快捷菜单中选择"创建传统补间"，就完成了。

6. 认识传统补间动画的属性面板

在时间线"传统补间动画"的起始帧上单击，帧属性面板会变成如图 5-31 所示。

（1）"缓动"选项

用鼠标单击"缓动"右侧的数字，左右拖动鼠标可设置参数值，当然也可以直接输入具体的数值，设置完后，补间动作动画效果会以下面的设置作出相应的变化。

① 在 -1 到 -100 的负值之间，动画运动的速度从慢到快，朝运动结束的方向加速补间。

② 在 1 到 100 的正值之间，动画运动的速度从快到慢，朝运动结束的方向减慢补间。

③ 默认情况下，补间帧之间的变化速率是不变的。

（2）"旋转"选项

"旋转"选项上有 4 个选择，选择"无"（默认设置）可禁止元件旋转；选择"自动"可使元件在需要最小动作的方

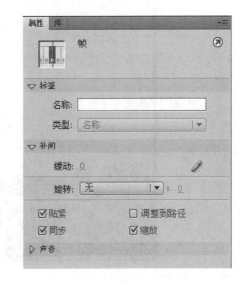

图 5-31 属性面板

向上旋转对象 1 次；选择"顺时针"或"逆时针"，并在后面输入数字，可使元件在运动时顺时针或逆时针旋转相应的圈数。

（3）"调整到路径"

将补间元素的基线调整到运动路径，此项功能主要用于引导线运动，我们在后面内容中会介绍此功能。

（4）"同步"复选框

使图形元件实例的动画和主时间轴同步。

（5）"贴紧至对象"选项

可以根据其注册点将补间元素附加到运动路径，此项功能主要也用于引导线运动。

（6）"缩放"选项

适用于对象有大小变化的情况。

任务4　制作蝴蝶飞舞动画

利用传统补间动画制作物体的运动相信大家已经掌握得很好了，但是这种只能沿着直线运动的形式不能涵盖自然界中的各种运动方式，比如，春天里翩翩起舞的蝴蝶和那蜿蜒赛道上疾驰的赛车，接下来我们就一起来学习让物体沿着自由路径进行运动的方法吧。

任务描述

桃花盛开的季节，春意盎然，翠绿的田野上，翩翩起舞的蝴蝶在怒放的桃花丛中自由飞舞，如图5-32所示。如何使得蝴蝶按照任意路径自由飞舞是本任务的制作要点。

图5-32　蝴蝶飞舞动画

任务目标与分析

通过制作蝴蝶飞舞动画，理解引导层动画的实现原理。在制作过程中掌握绘制引导线的方法和要点，并能熟练掌握将对象吸附于引导线的操作，从而实现引导层动画的创建。

操作步骤

1. 设置影片文档属性

执行"文件"→"新建"命令，新建一个 Flash 文档，在"属性"面板上设置文件大小为 550×400 像素，"背景色"为白色，如图 5-33 所示。

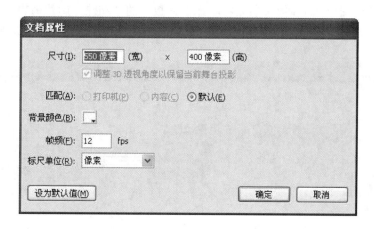

图 5-33 文档属性面板

2. 创建背景图层

① 执行"文件"→"导入"→"导入到舞台"命令，将"桃花背景.jpg"的图片导入到场景中。

② 调整"属性"面板参数，调整图片在舞台上的位置和大小，使其与舞台刚好重合。

③ 单击第 80 帧，按 F5 键，添加普通帧，如图 5-34 所示。

图 5-34 设置舞台背景图

3. 创建"蝴蝶"影片剪辑元件

① 单击"插入"→"新建元件"命令，新建名称为"蝴蝶"的影片剪辑元件。

② 单击"确定"进入新元件编辑场景，选择第1帧，执行"文件"→"导入"→"导入到库"命令，将"蝴蝶.gif"文件导入到库中。

4. 拖放蝴蝶元件至舞台位置

返回场景1中，新建图层2，在第1帧处将"库"面板中的"蝴蝶"影片剪辑元件拖放至舞台上合适位置，调整好大小并适度进行旋转。将图层2的第80帧转换为关键帧，如图5-35所示。

图5-35　拖放蝴蝶元件至舞台位置

5. 将图层3转换为引导层

在图层2上创建图层3，并在图层3上右单击选择"添加传统运动引导层"命令，将图层3转换为引导层，如图5-36所示。

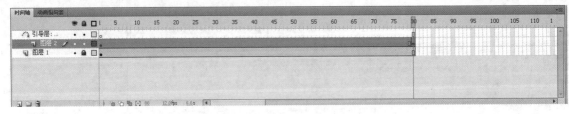

图5-36　时间轴显示

6. 利用"铅笔"工具在引导层中绘制蝴蝶飞舞的路径

单击"工具箱"中的"铅笔"工具，并设置"铅笔模式"为"光滑"，在舞台上绘制一条连续的路径，如图5-37所示。

7. 吸附蝴蝶元件至引导线上

选中"工具箱"中的"贴紧至对象"按钮，将图层2的第1关键帧处的蝴蝶的中心圆点吸附于引导线的起点，将图层2的第2关键帧处的蝴蝶的中心圆点吸附于引导线的终点，如图5-38所示。

图 5-37　引导线形状

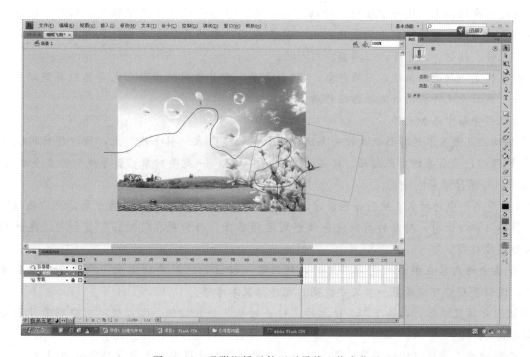

图 5-38　吸附蝴蝶元件至引导线上终点位置

8. 蝴蝶元件按照引导线的轨迹运动

在蝴蝶所在的图层 2 的第 1 关键帧处右单击选择 "创建传统补间" 命令，则蝴蝶元件将按照引导线的轨迹进行运动。注意应该将属性面板中的 "调整到路径" 选项勾选，如图 5-39 所示。

9. 观察动画效果

执行 "控制" → "测试影片" 命令，观察动画效果。

图 5-39　勾选 "调整到路径" 选项

10. 保存文件

单击"文件"→"保存"命令，将文件保存成"蝴蝶飞
舞.fla"，如果要导出 Flash 的播放文件，执行"文件"→"导出"→"导出影片"命令，保存成"蝴蝶
飞舞.swf"文件。

 相关知识

1. 引导层动画的概念

将一个或多个层链接到一个运动引导层，使一个或多个对象沿同一条路径运动的动画形式被称为
"引导层动画"。这种动画可以使一个或多个元件完成曲线或不规则运动。

2. 创建引导路径动画的方法

（1）创建引导层和被引导层

一个最基本"引导层动画"由 2 个图层组成，上面一层是"引导层"，它的图层图标为 ，下面一层
是"被引导层"，图标同普通图层一样 。

在普通图层上点击时间轴面板的"添加引导层"按钮，该层的上面就会添加一个引导层，同时该普
通层缩进为"被引导层"。

（2）引导层和被引导层中的对象

引导层是用来指示元件运行路径的，所以"引导层"中的内容可以是用钢笔、铅笔、线条、椭圆工
具、矩形工具或画笔工具等绘制出的线段；而"被引导层"中的对象是跟着引导线走的，可以使用影片
剪辑、图形元件、按钮、文字等，但不能应用形状。

由于引导线是一种运动轨迹，不难想象，"被引导层"中最常用的动画形式是传统补间动画，当播放
动画时，一个或数个元件将沿着运动路径移动。

（3）向被引导层中添加元件

"引导层动画"最基本的操作就是使一个运动动画"附着"在"引导线"上，所以操作时应特别注意
"引导线"的两端，被引导的对象起始、终点的 2 个"中心点"一定要对准"引导线"的 2 个端头。

3. 应用引导路径动画的技巧

① "被引导层"中的对象在被引导运动时，还可作更细致的设置，比如运动方向，把"属性"面板上
的"路径调整"前打上勾，对象的基线就会调整到运动路径；而如果在"对齐"前打勾，元件的注册点
就会与运动路径对齐。

② 引导层中的内容在播放时是看不见的，利用这一特点，可以单独定义一个不含"被引导层"的
"引导层"，该引导层中可以放置一些文字说明、元件位置参考等。

③ 在做引导路径动画时，按下工具栏上的"对齐对象"功能按钮，可以使"对象附着于引导线"的
操作更容易成功。

④ 过于陡峭的引导线可能使引导动画失败，而平滑圆润的线段有利于引导动画成功制作。

⑤ 向"被引导层"中放入元件时，在动画开始和结束的关键帧上，一定要让元件的注册点对准线段的开始
和结束的端点，否则无法引导，如果元件为不规则形，可以按下工具栏上的任意变形工具，调整注册点。

⑥ 如果想解除引导，可以把"被引导层"拖离"引导层"，或在图层区的"引导层"上单击右键，在
弹出的菜单上选择"属性"，在对话框中选择"正常"作为图层类型。

⑦ 引导线必须是一条连续不间断的线段，具备起点和终点。如果想让对象做圆周运动，可以在"引导层"
画个圆形线条，再用橡皮擦去一小段，使圆形线段出现 2 个端点，再把对象的起始、终点分别对准端点即可。

⑧ 引导线允许重叠，比如螺旋状引导线，但在重叠处的线段必须保持圆润，让 Flash 能辨认出线段
走向，否则会使引导失败。

任务5 遮罩动画制作

在 Flash 的作品中，我们常常看到很多炫目神奇的效果，而其中不少就是用最简单的"遮罩"完成的，如水波、万花筒、百叶窗、放大镜、望远镜等。那么，"遮罩"如何能产生这些效果呢？在本节，我们除了给大家介绍"遮罩"的基本知识，还结合我们的实际经验介绍一些"遮罩"的应用技巧。

任务描述

本任务就是根据遮罩动画的实现原理，在位图中制作出逼真的动态瀑布流水效果，如图 5-40 所示。

图 5-40 瀑布流水效果图

任务目标与分析

通过本任务的"瀑布"效果来理解遮罩动画的实现原理，掌握遮罩层与被遮罩层的不同作用，从而掌握遮罩层动画的制作方法。

操作步骤

1. 新建 Flash 文档

新建一个 Flash 文档，设置文档属性中的背景颜色为蓝色，其他参数默认不变，如图 5-41 所示。

2. 导入素材图片

① 选择素材中的瀑布图片，执行"文件"→"导入"→"导入到库"命令，把图片导入库中备用。打开库面板，如图 5-42 所示。

图 5-41 设置文档属性面板

图 5-42 打开库面板

②　在图层1的第1帧处，选中库面板中的"瀑布素材"图标，按住鼠标左键不松开，将其拖放到舞台上，松开鼠标，并设置图片的大小，使其与舞台大小相同，位置与舞台刚好重合，如图5-43所示。

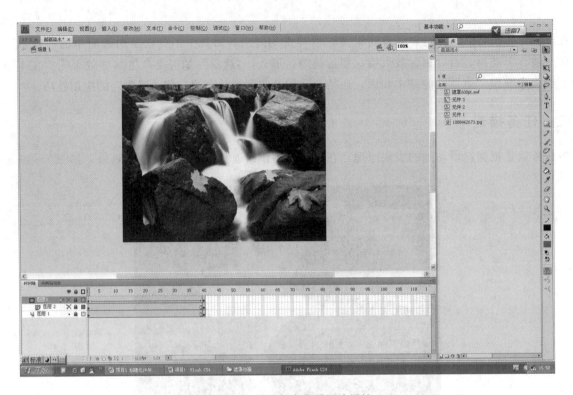

图5-43　设置舞台背景图片属性

3.　处理流水部分

①　增加图层2，右键点图层1的第1帧，选择"复制帧"命令，右击图层2的第1帧，选择"粘贴帧"命令，如图5-44所示。

②　在图层1的第1关键帧处右击图片，选择"转换为元件"命令，命名为"元件1"，选择类型为"图形"，如图5-45所示。

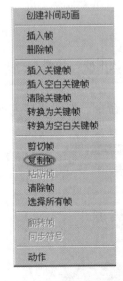

图5-44　打开快捷菜单　　　　　　　　图5-45　转换为图形元件

③ 单击"隐藏图层"按钮 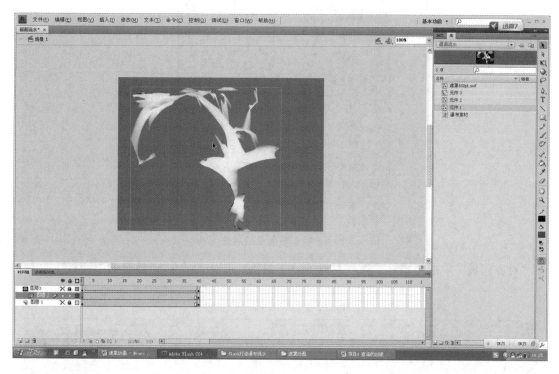，锁定图层 1，把眼睛关上（隐藏图层 1）。

④ 打开图层 2，选中第 1 帧，用小键盘的方向键把图片向右移动 1 pt。右击图片选择"分离"命令，把图片打散。

⑤ 选用工具栏上的"钢笔工具"，在打散后的图片上选中水流部分，删除流水以外的山石部分，如图 5 - 46 所示。

图 5 - 46　分离出的水流部分

⑥ 把水流部分转换为元件 2，如图 5 - 47 所示。

⑦ 单击"属性面板"→"色彩效果"，设置透明度 Alpha 值为 60％，锁定图层 2，如图 5 - 48 所示。

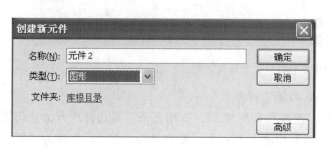

图 5 - 47　设置水流为图形元件

图 5 - 48　设置 Alpha 值为 60％

4. 制作遮罩层中的矩形条

① 插入图层3，选用矩形工具在舞台上画一个550×7 pt的矩形条，矩形条的属性如图5-49所示。

图5-49　矩形条的属性

② 在"对齐面板"中选择相对于舞台左对齐，上对齐，把矩形条移到舞台的上边线上，如图5-50所示。

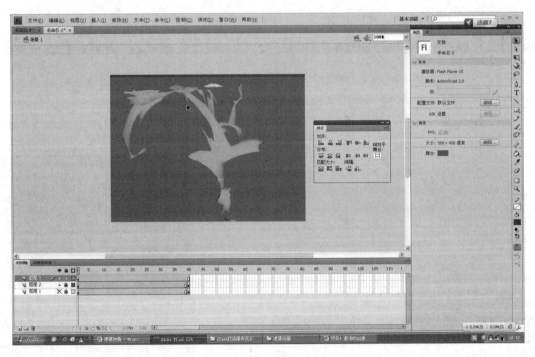

图5-50　将矩形移到舞台的上边线位置

③ 按【Ctrl＋D】组合键，复制若干个矩形条，行矩7像素。

④ 复制的矩形约为画面的1.2倍左右的时候，把舞台调整为25％。用箭头工具选择所有的矩形及图片，单击"对齐"面板上的水平对齐，按【Ctrl＋G】组合所有矩形，把它转为元件3，类型为"影片剪辑"，如图5-51所示。

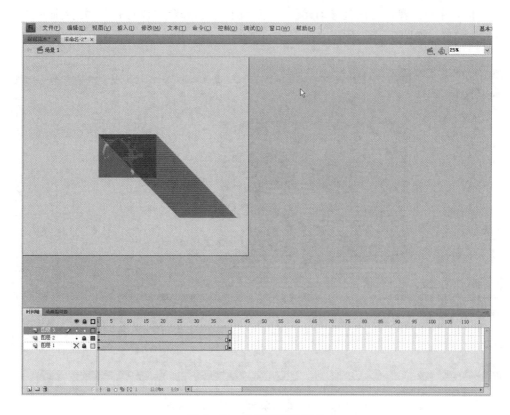

图 5-51　绘制若干矩形条

　　⑤ 单击"对齐"面板上的"底对齐"，使元件 3 的底和舞台底对齐，在图层 3 的 40 帧插入关键帧，创建补间动画，如图 5-52 所示。

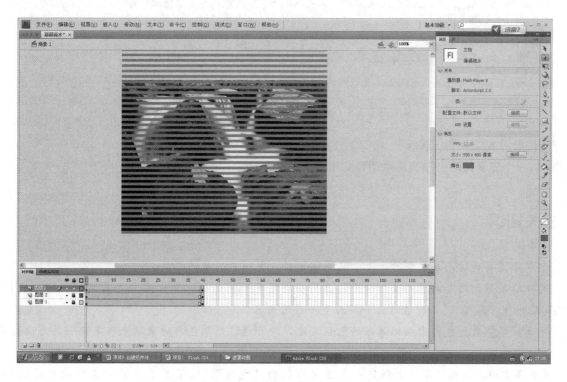

图 5-52　矩形条元件与舞台底对齐

④ 在第 40 帧，用小键盘的方向键移动元件 3，使元件 3 和舞台"顶对齐"，并分别在图层 1、图层 2 的第 40 帧插入关键帧，如图 5-53 所示。

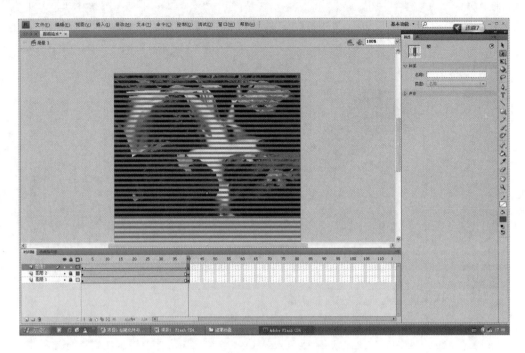

图 5-53　矩形条元件与舞台上对齐

⑤ 右键点击图层 3 选择"遮罩层"命令，把图层 3 转换为遮罩层，图层 2 为被遮罩层，如图 5-54 所示。

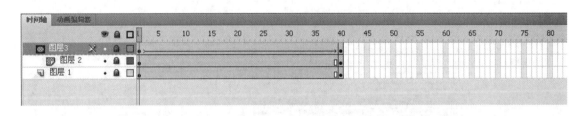

图 5-54　时间轴显示遮罩层和被遮罩层

5. 测试影片效果并进行保存

此时，一个逼真的动态瀑布流水动画制作完毕，可测试影片效果并进行保存。

相关知识

1. 遮罩的概念

① 遮罩是需要通过两层实现的，上一层叫遮罩层，下一层叫被遮罩层。

② 遮罩结果显示的是两层的叠加部分，上一层决定看到的形状，下一层决定看到的内容。我们通常也把遮罩层叫作"通透区"，即透过上一层看下一层的内容。

③ 遮罩显示结果的色彩由被遮罩层的色彩决定，即可通过辨别色彩的来源来确定哪一层为被遮罩层。

2. 遮罩动画实现原理

遮罩动画实际就是在遮罩层上创建一个任意形状的"视窗"，遮罩层下方的对象可以通过这个"视窗"被显示出来，而"视窗"之外的对象不会显示。

拓展训练

1. 制作网站 Banner，动画效果如图 5 - 55 所示。

要求：制作出文字的颜色变化，制作出文字的大小变化，制作文字淡入的透明度变化效果。

图 5 - 55 启航网站的 Banner

2. 制作枫叶纷飞动画，效果如图 5 - 56 所示。

图 5 - 56 枫叶飞舞效果图

3. 制作波浪式文字动画，动画效果如图 5 - 57 所示。

图 5 - 57 波浪式文字动画

总结与回顾

本单元通过多个任务分别介绍了元件的创建及使用方法，区分了传统补间动画和形状补间动画的不同功用，在使作品中的物体能够实现简单的形状、色彩、大小和位置等变化的基础上又添加了复杂动画——引导层动画和遮罩动画的讲解，描述了这两种动画的实现原理和具体的制作方法，使我们的作品更加形象逼真。请大家在熟练掌握原理和操作步骤的情况下，尝试灵活地将多种手法结合运用，举一反三，创作出精彩的个人作品。

项目相关习题

一、填空题

1. 在 Flash CS5 中，根据内容和功能的不同，元件可以分为 _____、_____、_____ 三种类型。

2. 形状补间动画在时间线上表现为 _____ 色背景，传统补间动画在时间线上表现为 _____ 色背景。形状补间动画只能针对 _____ 图，如果要对位图进行形状渐变，必须先将位图 _____。

3. 在遮罩动画中 _____ 层位于 _____ 层的上方，人们只能透过 _____ 层看到 _____ 层的内容。

4. 引导层动画中，一个引导层下可以关联 _____ 个被引导层。被引导层中的被引导物体的中心点必须 _____ 在引导线上，_____ 层在影片测试的过程中不可见。

二、选择题

1. 形状补间动画可以改变物体的( )。
   A. 大小　　　　　　　B. 位置　　　　　　　C. 颜色　　　　　　　D. 透明度

2. 传统补间动画可以改变物体的( )。
   A. 大小　　　　　　　B. 位置　　　　　　　C. 颜色　　　　　　　D. 旋转角度

3. 在做运动引导层动画时，按下( )能使对象附着于运动引导线上。
   A. 路径调整　　　　　B. 对齐　　　　　　　C. 对齐对象　　　　　D. 运动引导线

4. 在遮罩动画中，如果遮罩层是红色的文本"天"字，被遮罩层是绿色的草原，那么最终动画效果将会是( )。
   A. 只看到红色的天字
   B. 只看到绿色的草原
   C. 只看到被绿色草原填充的"天"字
   D. 原来绿色的草原变成红色

5. 如果制作一个蜻蜓沿着路径飞舞的动画时，发现蜻蜓和路径都在飞舞，那么可能犯的错误是( )。
   A. 蜻蜓元件的中心没有吸附在路径上
   B. 没有勾选"调整到路径"选项
   C. 路径没有放在运动引导层中，并且可能把路径也做成了元件
   D. 没有把蜻蜓元件分离

6. 如果想把一段较复杂的动画做成元件，可以先发布这段动画，然后把它导入到库中，成为一个元件。这个元件是哪种类型的元件？( )
   A. 图形元件
   B. 按钮元件
   C. 影片剪辑元件
   D. 哪一种都可以

7. 下列变化过程无法通过运动补间动画实现的是(   )。

    A. 一个红色的矩形逐渐变成绿色的矩形   B. 一个矩形的颜色逐渐变浅直至消失

    C. 一个矩形沿曲线移动   D. 一个矩形从舞台左边移动到右边

8. 下列关于"矢量图形"和"位图图像"的说法正确的是(   )。

    A. 位图显示的质量与显示设备的分辨率无关

    B. 在 Flash 中,用户无法使用在其他应用程序中创建的矢量图形和位图图像

    C. 在对位图文件进行编辑时,操作对象是像素而不是曲线

    D. 矢量图形文件比位图图像文件的体积大

9. 下列关于形状补间的描述正确的是(   )。

    A. Flash 可以补间形状的位置、大小、颜色和不透明度

    B. 如果一次补间多个形状,则这些形状必须处在上下相邻的若干图层上

    C. 对于存在形状补间的图层无法使用遮罩效果

    D. 以上描述均正确

10. 下列关于遮罩动画的描述错误的是(   )。

    A. 遮罩图层中可以使用填充形状、文字对象、图形元件的实例或影片剪辑作为遮罩对象

    B. 可以将多个图层组织在一个遮罩层之下来创建复杂的效果

    C. 一个遮罩层只能包含一个遮罩对象

    D. 可以将一个遮罩应用于另一个遮罩

11. 下列关于遮罩图层说法正确的是(   )。

    A. 遮罩图层必须位于被遮照图层的上方

    B. 遮罩图层必须位于被遮照图层的下方

    C. 除了透过遮罩项目显示的内容之外,其余的所有内容都被遮罩层的其余部分隐藏起来

    D. 遮罩层图形的颜色会影响被遮照图层的效果

12. 有哪些元件可以设置图像的透明度(   )。

    A. 影片剪辑元件   B. 按钮元件

    C. 图形元件   D. 以上三种都可以

三、操作题

1. 使用运动补间制作一个弹跳的小球效果。

2. 使用补间形状制作自己姓名的文本变形动画。

3. 使用引导层制作一个小球按照圆形旋转动画。

4. 使用遮罩制作流动字幕效果。

5. 制作一个简单的探照灯动画。

项目 6　创建动画特殊效果

本项目将着重介绍 Flash CS5 的投影、模糊、发光、斜角、渐变发光等滤镜的使用方法，并介绍 Flash CS5 的各种动画特效的制作方法，包括色彩效果、动画编辑器、动画预设的使用等。

项目目标

● 了解滤镜的功能。
● 熟练掌握 Flash CS5 中的 6 种滤镜效果的使用方法。
● 理解动画编辑器的作用。
● 掌握 Flash CS5 中的各种画特效的制作方法。

任务 1　文本的滤镜特效

尽管计算机已经为我们准备了诸多的文字类型可供选择，但依旧无法满足人们对文字添加流光溢彩效果的需求，Flash CS5 中的滤镜在极大程度上满足了人们的需求。善于利用滤镜为文字添加精彩的效果将会使作品中的文字锦上添花。

任务描述

尝试为文本添加投影、模糊、发光、斜角等滤镜效果。

任务目标与分析

掌握使用滤镜为文字添加投影、模糊、发光、斜角的制作方法，了解 4 种动画特殊效果中各项参数的作用和使用方法。

操作步骤

① 新建文档，在舞台中央输入"FLASH CS4"字样，参数如图 6－1 所示。
② 点击属性滤镜面板中左下角的"添加滤镜"按钮，选择"投影"选项，则出现相关参数设置，如图 6－2 所示。

图 6-1　"文本属性"设置面板

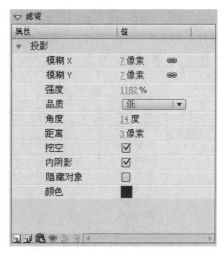

图 6-2　滤镜中投影效果参数设置

③ 通过调整各项参数，可以得到如图 6-3 所示的投影效果。

④ 单击图层 1 的第 15 帧，按 F6，转换为关键帧，并点击属性滤镜面板中左下角的"添加滤镜"按钮图标，选择"模糊"选项，根据需要调整相关参数设置，如图 6-4 所示。

图 6-3　文字投影效果

图 6-4　模糊滤镜面板

⑤ 单击图层 1 的第 1 个关键帧，右单击鼠标，选择快捷菜单中的"创建传统补间"命令（如图 6-5 所示），即可得到如图 6-6 所示的动态模糊效果。

图 6-5　快捷菜单

图 6-6　模糊文字效果

⑥ 选择图层1的第30帧，按F6，转换为关键帧，为使发光效果明显，可将舞台背景色改为灰色显示，然后单击舞台中的文字部分，单击"选择滤镜"按钮，选择"发光"选项，如图6-7所示，并修改各项参数，如图6-8所示。

图6-7　添加滤镜　　　　　　图6-8　发光滤镜面板设置

⑦ 单击图层1的第15个关键帧，右单击鼠标，选择快捷菜单中的"创建传统补间"命令，即可产生发光效果，如图6-9所示。

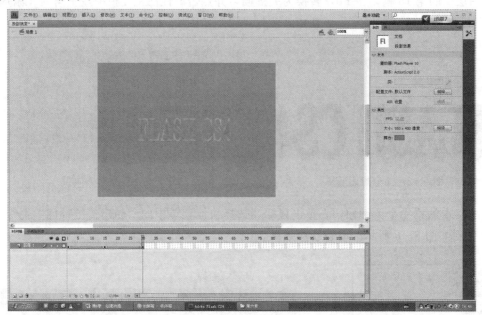

图6-9　发光效果

⑧ 选择图层1的第45帧，按F6，转换为关键帧，单击舞台中央的文字，在"属性"面板中应用"滤镜"效果，选择"斜角"选项，则会出现下边的斜角参数选项，并设置各个参数值，如下图6-10所示。

⑨ 此时，文字将会随着各参数的调整而发生变化，如图6-11所示。

⑩ 在图层1的第30至第45关键帧中间的任意一帧处，右单击鼠标，选择快捷菜单中的"创建传统补间"命令。

⑪ 保存并测试动画效果。

图6-10　斜角滤镜面板

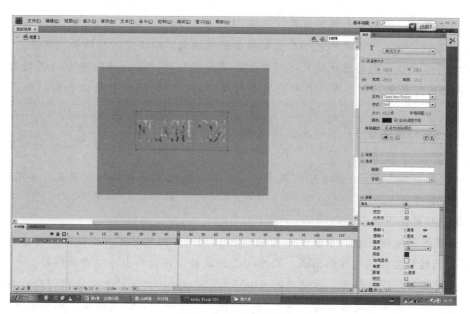

图 6-11　斜角效果

小提示

　　Flash CS5 中的滤镜只能够添加到文本、按钮元件和影片剪辑元件上，当场景中的对象不适合应用滤镜效果时，滤镜面板中的加号按钮会处于灰色的不可用状态。

 相关知识

　　Flash CS5 中新增加了滤镜，使用过 Photoshop 或者 Fireworks 的用户，对滤镜应该不陌生，滤镜其实就是软件所提供的一些特殊效果，通过设计这些效果，可以方便、快捷地得到不同的图形特效。Flash CS5 共提供了 7 种不同的特效供用户使用。

　　1. 使用滤镜的操作步骤

　　① 在工作区中选择需要添加滤镜的对象。

　　② 选择"窗口"→"属性"→"滤镜"命令，打开"滤镜"面板，如图 6-12 所示。

　　③ 单击属性窗口左下角的"添加滤镜"按钮 ，打卡滤镜面板的选项菜单，根据需要选择相应的滤镜命令，如图 6-13 所示。

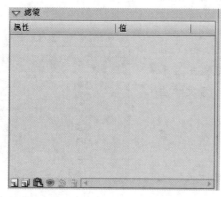

图 6-12　打开滤镜面板

图 6-13　滤镜命令选项

④ 对同一个对象可以添加多个滤镜效果。

⑤ 对于多个滤镜命令，可以使用鼠标在滤镜列表框中拖曳，以改变滤镜的排列顺序。

⑥ 如果要保存组合在一起的滤镜效果，可以选择"预设"→"另存为"命令，将效果保存起来，以便直接应用到其他的对象中，当要为动画中的多个对象应用同样的滤镜效果组合时，使用此命令可以大大提高工作效率。

⑦ 对于添加错误的滤镜效果，可以单击按钮删除。

2. 投影滤镜

投影滤镜的效果类似于 Fireworks 中的投影效果，其包括的参数有模糊、强度、品质、距离、挖空、内侧阴影和隐藏对象等。

对其中的各个参数说明如下。

① 模糊：设置投影模糊程度，可分为对 X 轴和 Y 轴两个方向的设置，取值范围为 0 至 255 像素，如果单击 X 和 Y 后的链接按钮，可以取消 X、Y 方向上的链接，再次单击可以重新链接。

② 强度：设置投影的强烈程度，取值范围为 0% 至 25500%，数值越大，投影的显示越清晰强烈。

③ 品质：设置投影的品质高低，有"高""中""低"三个选项，品质越高，投影越清晰。

④ 角度：设置投影的角度，取值范围为 0° 至 360°。

⑤ 距离：设置投影的距离大小，取值范围为 −255 至 255 像素。

⑥ 挖空：表示在将投影作为背景的基础上，挖空对象的显示。

⑦ 内阴影：设置阴影的生成方向指向对象内侧。

⑧ 隐藏对象：只显示"颜色"按钮，可以打开调色板选择颜色。

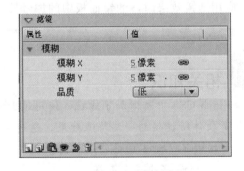

3. 模糊滤镜

模糊滤镜的参数比较少，主要有模糊和品质两个参数，如图 6-14 所示。

对其中各个参数说明如下。

① 模糊：设置模糊程度，可分别对 X 轴和 Y 轴两个方向设置，取值范围为 0 至 255 像素。如果单击 X 和 Y 后的链接按钮，可以取消 X、Y 方向上的链接，再次单击可以重新链接。

图 6-14　模糊滤镜面板

② 品质：设置模糊的品质高低，有"高""中""低"三个选项，品质越高，模糊越明显。

4. 发光滤镜

发光滤镜的效果类似于 Photoshop 中的发光效果，其参数包含模糊、强度、品质、颜色、挖空和内发光等，如图 6-15 所示。

对其中的各个参数说明如下。

① 模糊：设置发光的模糊程度，可分为对 X 轴和 Y 轴两个方向的设置，取值范围为 0 至 255 像素，如果单击 X 和 Y 后的链接按钮，可以取消 X、Y 方向上的链接，再次单击可以重新链接。

② 强度：设置发光的强烈程度，取值范围为 0% 至 25500%，数值越大，发光的显示越清晰强烈。

③ 品质：设置投影的品质高低，有"高""中""低"三个选项，品质越高，发光越清晰。

图 6-15　发光滤镜面板

④ 挖空：将发光效果作为背景的基础上，挖空对象的显示。

⑤ 内发光：设置发光的生成方向指向对象内侧。

5. 斜角

使用斜角滤镜可以制作立体的浮雕效果，其包括的参数有模糊、强度、品质、阴影、加亮显示、角度、距离、挖空和类型等，如图 6-16 所示。

对其中的各个参数说明如下。

① 模糊：设置斜角的模糊程度，可分为对 X 轴和 Y 轴两个方向的设置，取值范围为 0 至 255 像素，如果单击 X 和 Y 后的链接按钮，可以取消 X、Y 方向上的链接，再次单击可以重新链接。

② 强度：设置斜角的强烈程度，取值范围为 0% 至 25500%，数值越大，斜角的效果越明显。

③ 品质：设置斜角的品质高低，有"高""中""低"三个选项，品质越高，斜角效果越明显。

④ 阴影：设置斜角的阴影颜色，可以在调色板中选择颜色。

图 6-16　斜角滤镜面板

⑤ 加亮显示：设置斜角的高光加亮颜色，也可以在调色板中选择颜色。

⑥ 角度：设置斜角的角度，取值范围为 0° 至 360°。

⑦ 距离：设置斜角距离对象的大小，取值范围为 -255 至 255 像素。

⑧ 挖空：将斜角作为背景，然后挖空对象的显示。

⑨ 类型：设置斜角的应用位置，可以分内侧、外侧或强制齐行，如果选择强制齐行，则在外侧和内侧同时应用斜角效果。

6. 渐变斜角

使用渐变斜角滤镜同样可以制作出比较逼真的立体浮雕效果，它的控制参数和斜角滤镜的相似，所不同的是它更能精确控制斜角的渐变颜色。它包括的参数有模糊、强度、品质、阴影、加亮显示、角度、距离、挖空、类型和渐变等，如图 6-17 所示。

7. 渐变发光滤镜

渐变发光滤镜的效果和发光滤镜的效果基本一样，只是可以调节发光的颜色为渐变色，还可以设置角度、距离和类型，如图 6-18 所示。

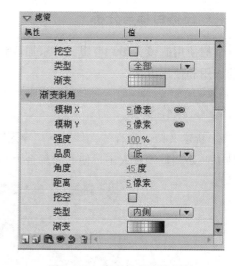

图 6-17　渐变斜角滤镜面板

对其中的各个参数说明如下。

① 模糊：设置渐变发光的模糊程度，可分为对 X 轴和 Y 轴两个方向的设置，取值范围为 0 至 255 像素，如果单击 X 和 Y 后的链接按钮，可以取消 X、Y 方向上的链接，再次单击可以重新链接。

② 强度：设置渐变发光的强烈程度，取值范围为 0% 至 25500%，数值越大，渐变发光的显示也清晰强烈。

③ 品质：设置渐变发光的品质高低，有"高""中""低"三个选项，品质越高，发光越清晰。

④ 挖空：将渐变发光作为背景，然后挖空对象的显示。

⑤ 角度：设置渐变发光的角度，取值范围为0°至360°。

⑥ 距离：设置渐变发光的距离大小，取值范围为-255至 255像素。

⑦ 类型：设置渐变发光的应用位置，可以分内侧、外侧或强制齐行，如果选择强制齐行，则在外侧和内侧同时应用渐变发光效果。

⑧ 渐变：其中的渐变色条是控制渐变颜色的工具，在默认情况下为白色到黑色的渐变色。将鼠标指针移动到色条上，单击可以增加新的颜色控制点。往下方拖曳已经存在的颜色控制点，可以删除被拖曳的控制点。单击控制点上的颜色块，会打开系统调试板，让用户选择要改变的颜色。

图 6-18　渐变发光滤镜面板

任务2　调整图片颜色

图片中颜色的变化通常带给人们不一样的感觉，根据整体作品的色调来确定图片的颜色变化往往更容易使整幅作品看起来更加和谐，同时，调整图片的颜色也可以弥补拍摄中的一些不足和遗憾。

任务描述

为影片剪辑元件添加调整颜色滤镜效果。

任务目标与分析

掌握使用滤镜为影片剪辑元件添加调整颜色滤镜效果的制作方法，了解调整颜色滤镜效果的各项参数的作用和使用方法。

操作步骤

① 新建文档，执行"文件"→"导入"→"导入到舞台"命令，将"桃花背景.jpg"的图片导入到场景中，并调整图片大小，使其与舞台大小一致，如图6-19所示。

图 6-19　设置舞台背景图片位置和大小

② 单击图片，右单击鼠标选择"转换为元件"命令，将其转换为影片剪辑元件，如图 6 – 20 所示。

③ 选择"属性"面板中的"添加滤镜"按钮，选择"调整颜色"选项，并调整各项参数，如图 6 – 21 所示，效果如图 6 – 22 所示。

图 6 – 20　创建影片剪辑元件对话框　　　　　　图 6 – 21　调整颜色滤镜面板参数设置

图 6 – 22　效果图

④ 在图层 1 的第 10 帧添加关键帧，将影片剪辑元件的滤镜参数归零，如图 6 – 23 所示。

图 6 – 23　图像还原为原来的颜色

⑤ 在图层1的第20帧处插入关键帧，并修改各项滤镜参数，如图6-24所示。

图6-24　调整图片颜色效果

⑥ 分别在第1关键帧和第10关键帧之间，以及第10关键帧和第20关键帧之间，设置"传统补间动画"，时间轴如图6-25所示。

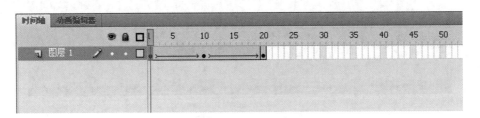

图6-25　时间轴显示

⑦ 影片剪辑元件的颜色调整完毕，测试并保存影片。动画将会显示如下三张不同颜色的图片之间的过渡效果，如图6-26所示。

图6-26　颜色调整效果比较

 相关知识

调整颜色滤镜可对影片剪辑、文本或按钮进行颜色调整，例如亮度、对比度、饱和度和色相等，如图6-27所示。

对其中的各个参数说明如下：

① 亮度：调整对象的亮度。向左拖动滑块可以降低对象的亮度，向右拖动滑块可以增强对象的亮度，取值范围为－100至100。

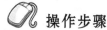

图 6-27　调整颜色滤镜面板

② 对比度：调整对象的对比度。取值范围为－100至100，向左拖动滑块可以降低对象的对比度，向右拖动滑块可以增强对象的对比度。

③ 饱和度：设定颜色的饱和程度。取值范围为－100至100，向左拖动滑块可以降低对象中包含颜色的浓度，向右拖动滑块可以增强对象中包含颜色的浓度。

④ 色相：调整对象中各个颜色色相的浓度，取值范围为－180至180，使用该参数对色相的控制没有Fireworks准确。

任务 3　使用动画预设

动画预设是 Flash CS5 新增的一个功能，使用动画预设，可以把经常使用的动画效果保存成一个预设，从而方便以后的调用或者与团队中的其他人共享此效果。

任务描述

本任务将讲述动画预设功能的使用方法及具体的操作步骤。

任务目标与分析

掌握使用动画效果预设的方法和步骤。

操作步骤

① 新建一个 Flash 文件，导入"素材 \ 603.jpg"到舞台，并转为影片剪辑元件。

② 单击"窗口"→"动画预设"命令，打开动画预设面板，选择"3D 螺旋"动画效果，然后点击面板右下角的"应用"按钮，就可以把动画效果应用到影片剪辑元件上了，如图 6-28 所示。

图 6-28　"将预设另存为"对话框

③ 单击补间动画的所有帧，然后单击动画预设面板左下角的"将选区另存为预设"按钮 ，在弹出的"将预设另存为"对话框中输入预设名称，最后单击"确定"按钮。

④ 这样，用户自定义的预设就会自动保存到动画预设面板中的"我的动画预设"目录下。

⑤ 如果需要把自定义的动画预设提供给他人使用，可单击动画预设面板右上角的小三角箭头，打开其选项菜单，选择"导出"命令。

⑥ 在弹出的"另存为"对话框中，选择需要保存的位置即可。

⑦ Flash CS5 会生成 XML 格式的动画预设文件，如果需要添加他人的动画预设效果，在动画预设面板的选择菜单中选择"导入"命令即可。

相关知识

打开动画预设面板的方法:

选择"窗口"→"动画预设"命令，即可打开Flash CS5的动画预设面板，如图6-29所示。

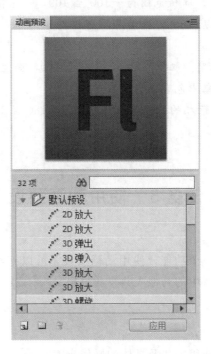

图6-29 动画预设面板

小提示

在动画预设面板中，Flash CS5内置了29种不同的动画效果供用户使用，当然，用户也可以添加自定义的效果。需要注意的是，如果希望能够使用所有的内置效果，添加的对象必须是影片剪辑元件。

任务4 使用动画编辑器

动画编辑器可以精确地对每个属性进行精确的修改，如位置、缩放、色彩效果、滤镜、缓动等，使用好动画编辑器可以很好地对动画进行控制。

任务描述

本任务通过介绍一个影片剪辑元件的具体操作，来解释动画编辑器的作用。

任务目标与分析

掌握动画编辑器的打开和使用方法，理解动画编辑器在编辑动画中的重要作用。

操作步骤

① 新建一个 Flash 文档。

② 单击"文件"→"导入"→"导入到舞台",选择"素材 \ 607.png"导入舞台。

③ 将导入到舞台的素材转换为影片剪辑元件。

④ 使用"任意变形"工具,更改影片剪辑元件旋转中心点的位置到元件的正中心。

⑤ 右单击图层 1 的第 1 帧,在弹出的快捷菜单中选择"创建补间动画"命令,然后选择"3D 补间"命令。

⑥ 按 F6 建,在第 15 帧和第 30 帧中分别插入关键帧。

⑦ 打开动画编辑器,单击第 15 帧,在左侧的"基本动画"折叠菜单中,修改"旋转 Y"的值为 180°。

⑧ 在动画编辑器重单击第 30 帧,修改"旋转 Y"的值为 360°。

⑨ 动画制作完毕后,选择"控制"→"测试影片"命令,在 Flash 播放器中预览动画效果。

 相关知识

1. 打开动画编辑器面板的方法

① 执行"窗口"→"动画编辑器"命令。

② 直接将界面布局设置为"动画"模式,自动打开动画编辑器。

2. 动画编辑器的作用

① 动画编辑器的界面类似 AE,可以对动画的每一个属性进行动画调节,还可以方便地对动画添加色彩和滤镜特效。

② 在动画编辑器中调整缓动的时候,可以添加不同的缓动模式,还可以自定义缓动效果。自定义的缓动可以添加到单个或多个属性中。设置缓动后可以在动画编辑器中查看每一帧。

③ 使用动画编辑器,可以查看所有补间属性及属性关键帧,并且可以通过设置精确参数来控制补间动画的效果。

拓展训练

1. 制作一张动态的电子生日贺卡。(要求利用本项目中所学的知识将文字、标题等进行美化;要求尝试使用滤镜为文字添加渐变发光效果和渐变斜角效果)

2. 酷车我秀。(从网上下载一幅汽车图片,利用滤镜功能制作特殊的视觉冲击效果,为图片设置不同的滤镜参数)

3. 制作火焰字。(选择合适的滤镜,制作出火焰字体,感受多款滤镜配合使用的神奇效果)

总结与回顾

本项目通过 4 个任务讲述了 Flash CS5 中的投影、模糊、发光、斜角、渐变发光、渐变斜角等滤镜的使用方法,展现了滤镜使用的便捷和效果的杰出性。还介绍了 Flash CS5 中各种动画特效的制作方法,包括色彩效果、动画编辑器、动画预设的使用等。

项目相关习题

一、选择题

1. 关于 Flash 中的滤镜,下列描述错误的是(　　)。

A. 使用滤镜，可以为文本、按钮和影片剪辑增添丰富的视觉效果

B. 可以通过补间动画使滤镜的效果产生变化

C. 应用滤镜后，可以随时改变其选项，或者重新调整滤镜顺序以试验组合效果

D. 可以启用、禁用或者删除滤镜，但删除滤镜以后，对象无法恢复原来外观

2. 滤镜可以为动画中的(　　)增添有趣的视觉效果。

A. 按钮　　　　　　　　B. 影片剪辑　　　　　　　　C. 图片　　　　　　　　D. 文本

3. 调整颜色用于编辑对象的(　　)。

A. 亮度　　　　　　　　B. 对比度　　　　　　　　C. 色相　　　　　　　　D. 饱和度

4. (　　)滤镜用于向对象应用加亮效果，使其看起来凸出于背景表面。

A. 渐变发光　　　　　　B. 斜角　　　　　　　　C. 模糊　　　　　　　　D. 投影

5. 模糊滤镜的作用(　　)。

A. 用于模拟对象向一个表面投影的效果，或者在背景中剪出一个形似对象的洞，来模拟对象的外观

B. 用于柔化对象的边缘和细节，可使对象看起来好像位于其他对象后面，或者看起来好像是运动的

C. 用于为对象的整个边缘应用颜色

D. 用于在发光表面产生带渐变颜色的发光效果

二、填空题

1. Flash CS5 为用户提供了 _____、_____、_____、_____、_____、_____ 等 6 种不同的滤镜效果。

2. Flash CS5 中的画特效包括 _____、_____ 和 _____。

3. Flash CS5 中的滤镜只能添加到 _____、_____ 和 _____ 上。

4. 滤镜的应用方法是：在舞台上选择要应用滤镜的影片剪辑、按钮或文本对象，在面板中按下 _____ 按钮，然后从弹出的下拉菜单中选择一个滤镜。

5. Flash CS5 的滤镜不能应用于 _____。

三、操作题

1. 使用 Flash 的滤镜给图形添加特效。

2. 使用 Flash 的动画预设使文字实现"3D 文本滚动"效果。

3. 创建小球下落效果，并设置小球下落速度越来越快的缓动效果。

项目 7　Adobe Flash CS5 中新增的 3D 功能

Flash CS5 在界面上与其之前的版本总体来说并没有特别大的区别，只是在工具菜单中添加了 3D 工具、Deco 工具、骨骼工具，如图 7-1 所示。

图 7-1　Flash CS5 工具箱内的工具有所增加

针对 MC（影片剪辑元件）添加了一个动画编辑器，脚本语言没有变化，主要针对新版本中的 3D 功能做了相对的试用。

项目目标

● 掌握 Flash CS5 中新增的 3D 功能的使用。
● 了解 Deco 工具的用法。
● 了解骨骼工具的用法。

任务 1　制作 3DBOX

Flash CS5 没有 3DMAX 等 3D 软件强大的建模工具，但是在 Flash CS5 中提供了一个 Z 轴的概念，那么在 Flash 这个开发环境下就从原来的二维环境拓展到一个有限的三维环境。说到有限是有原因的，因为虽然有 Z 轴但是所有的结构还是建立在图层这个基础之上的，那么就存在上下层的关系，而图层本身是基于二维，这里就遇到一个问题，当一个 3D 模型转动的时候其原有的上下层关系发生变化，而 Flash CS5 并没有建模工具，所谓的模型也是用几个面拼凑出来的，这样的话逻辑关系就出现了问题，原本应该是在下的面却依然显示在最上一层（图层原因）。

任务描述

下面我们用 6 张同样尺寸的图片来构建一个正方体，并使此正方体进行旋转，模拟出立体效果。

任务目标与分析

体会如何利用 Flash CS5 的 2 维平台来模拟制作 3D 立体效果。

操作步骤

① 首先从外部导入 6 张图片，尺寸为 105×105dpi，如图 7－2 所示。

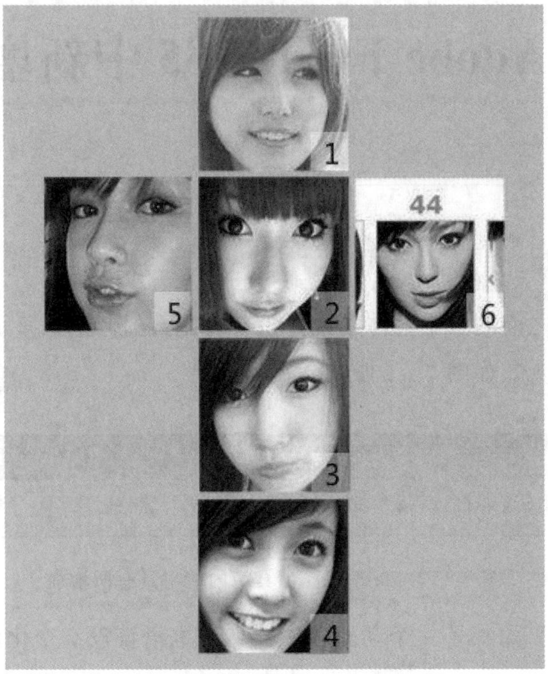

图 7－2　6 张同等大小的素材图片

② 单击“插入”→“新建元件”，创建“MC”影片剪辑元件。

③ 将这 6 张图片放入“MC”影片剪辑元件当中，命名为“box”，每一张图片都是这个“box”立方体的一个面，将每张图片分别转换成影片剪辑元件 1、影片剪辑元件 2……影片剪辑元件 6，然后分别进行其坐标轴的参数设置（x，y，z）。

④ 图片 1 的坐标值设置为（0，0，0），如图 7－3 所示。

图 7－3　放置图片 1 至舞台

⑤ 图片 2 的坐标值设置为（0，0，105），如图 7-4 所示。

图 7-4　放置图片 2

⑥ 利用 3D 旋转工具将其图片 3 沿 Y 轴旋转 90°设置成（0，0，0），如图 7-5 所示。

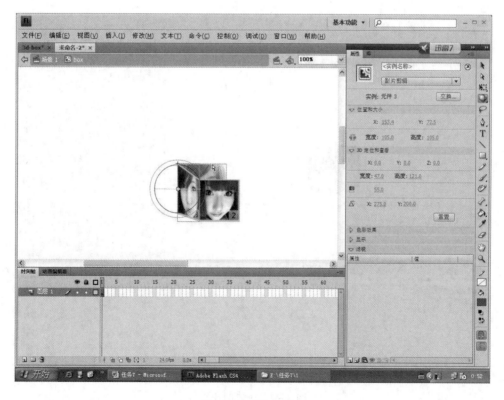

图 7-5　放置图片 3

⑦ 同样利用 3D 旋转工具将图片 4 沿 Y 轴旋转 90°设置为（105，0，0），如图 7-6 所示。

图 7-6　放置图片 4

⑧ 利用 3D 旋转工具将图片 5 沿 X 轴旋转 90°成（0，0，0），如图 7-7 所示。

图 7-7　放置图片 5

⑨ 利用 3D 旋转工具将图片 6 沿 X 轴旋转 90°成（0，105，0），效果如图 7-8 所示。

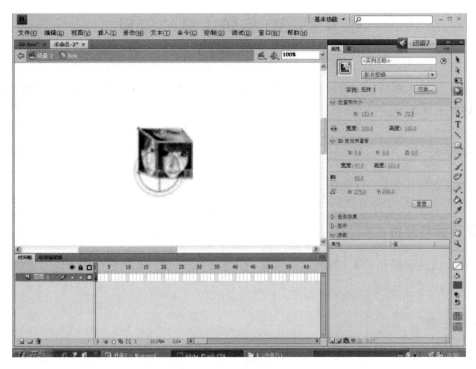

图 7-8　放置图片 6

⑩ 将"box"这个 MC 拖入主场景时间轴中第 1 关键帧，在时间轴的第 50 帧处插入关键帧，并且创建补间动画，单击最后一帧也就是 50 帧，在动画编辑器里面调整对应的属性就可以得到想要的效果，这里调整 Y 轴的旋转角度为 360°，即旋转 1 周得到最终的 3DBOX 动画，这样一个简单的立方体模型就完成了，效果如图 7-9 所示。

图 7-9　3D 立方体效果图

任务 2 3D 旋转工具的应用

利用 Flash 来模拟装潢后的家居效果是装潢行业中设计师们必备的一项技能，这就离不开 Flash CS5 中这款 3D 旋转工具的帮忙。

任务描述

对一张室内装潢图片进行 3D 旋转。

任务目标与分析

通过对一张室内装潢图片的 3D 旋转，来理解 3D 旋转中 X、Y、Z 轴的作用，以及透视角度和消失点的作用。

操作步骤

① 在 Flash CS5 中工具箱增加了一个新功能，就是 3D 旋转工具，它也是针对影片剪辑元件而起作用的。

② 3D 旋转功能只能对影片剪辑发生作用，导入一张图像，并按下 F8 键转换为"影片剪辑"元件。

③ 这时在图像中央会出现一个类似瞄准镜的图形，十字的外围是两个圈，并且他们呈现不同的颜色，当鼠标移动到红色的中心垂直线时，鼠标右下角会出现一个"X"，当鼠标移动到绿色水平线时，鼠标右下角会出现一个"Y"，当鼠标移动到蓝色圆圈时，鼠标右下角又出现一个"Z"，如图 7-10 所示。

图 7-10 3D 旋转工具

④ 灰色区域代表调节角度，分别调整 X、Y、Z 轴。

⑤ 当鼠标移动到橙色的圆圈时，可以对图像进行 X、Y、Z 轴的综合调整，如图 7 – 11 所示。

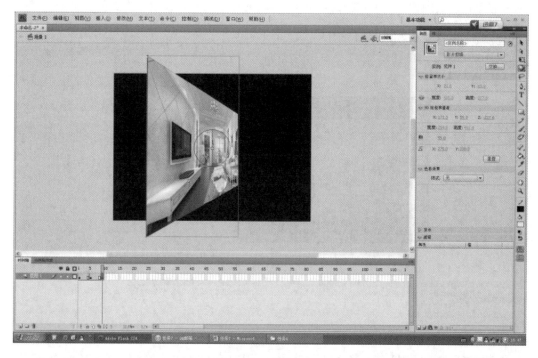

图 7 – 11　参数调整图

⑥ 通过属性面板的"3D 定位和查看"可以对图像 X、Y、Z 轴进行数值的调整，如图 7 – 12 所示。

⑦ 还可以通过属性面板对图像的"透视角度"和"消失点"进行数值调整，如图 7 – 13 所示。

图 7 – 12　3D 定位和查看面板

图 7 – 13　透视角度和消失点设置

任务 3　3D 平移工具的应用

Flash CS5 的工具栏中在 3D 旋转工具下方的便是 3D 平移工具，它也同样是只针对影片剪辑元件起作用，该工具同时具备 X、Y、Z 轴，可以模拟空间 3D 效果。

任务描述

对一张室内装潢图片进行 3D 平移。

任务目标与分析

通过对一张室内装潢图片的 3D 平移，来理解 3D 平移中 X、Y、Z 轴的作用，以及透视角度和消失点的作用。

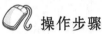 操作步骤

① 导入一张室内装潢图像，按 F8 键转换为影片剪辑元件，舞台背景设置为黑色，如图 7-14 所示。

图 7-14　设置影片剪辑元件与舞台中的位置

② 选择"工具箱"中的"3D 平移工具"红色为 X 轴，可以对 X 轴横向轴进行调整。

③ 绿色为 Y 轴，对以对 Y 轴纵向轴进行调整。

④ 中间的黑色圆点为 Z 轴，可以对 Z 轴进行调整，如图 7-15 所示。

图 7-15　3D 平移工具中对 X、Y、Z 轴的参数调整

⑤ 还可以通过属性面板中的"3D 定位和查看"来调整图像的 X、Y、Z 的数值，如图 7-16 所示。

图 7-16　3D 定位和查看面板

⑥ 通过调整属性面板中的"透视角度"数值，调整图形在舞台中的位置，如图 7-17 所示。

⑦ 通过调整属性面板中的"消失点"数值，可以调整图形中的"消失点"，如图 7-18 所示。

图 7-17　透视角度面板设置　　　　　　　图 7-18　消失点面板设置

相关知识

1. Flash 3D 旋转和 3D 平移工具

在 Flash CS5 工具栏里有两个处理 3D 变形的工具：3D 旋转和 3D 平移工具，如图 7-19 所示。

这两个工具都可以切换全局坐标模式和个体坐标模式。在以往的版本中，舞台的坐标体系是平面上的，它只有两维的坐标轴即水平方向（X）和垂直方向（Y），我们只需确定 X、Y 的坐标即可确定对象在舞台上的位置。Flash CS5 引入了三维定位系统，增加一个坐标轴 Z，那么在 3D 定位中要确定对象的位置就需要 X、Y、Z 三个坐标来确定对的位置了。

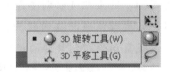

图 7-19　3D 旋转和 3D 平移工具

（1）3D 旋转工具

实验拖动 3D 旋转工具的处理：红色手柄的 X 轴，绿色手柄 Y 轴，蓝色内圈代表 Z 轴。此外，可以拖动橙色外圈进入自由变换功能。橙色环允许同时旋转 X 轴和 Y 轴附近的一个对象，如图 7-20 所示。

图 7-20　X、Y、Z 轴的手柄显示

（2）3D平移工具

就像3D旋转工具，红色手柄的X轴，绿色手柄Y轴，黑色圆圈代表Z轴。单击并拖动其中一个箭头移动对象的X和Y轴，然后拖动黑色圆圈向上或向下平移Z轴的对象，如图7-21所示。

图7-21　3D旋转工具

（3）透视角度

在舞台上放一个MC，在保持它被选择的情况下，打开属性面板，在属性面板稍下面一点会有一个照相机的图标，这里就可以调整透视角度，如图7-22所示。

透视角度就像照相机的镜头，通过调整透视角度值，可将镜头推近拉远。透视角属性控制舞台的视野（镜头角度），以度来衡量。透视角度的默认值是55°，这显示在一个正常的角度在舞台上的对象。如果透视角度值设置为180°（最大值），这意味着该相机是摆在台前和任何3D变换对象看起来更接近你。如图7-22，系统默认值为55。将鼠标放在这个数值上，会出现一个双箭头，这时左右拖动鼠标即可调整数值的大小，

图7-22　透视角度面板

点击这个数值时会出现"输入文本"，可以直接输入一个数值。透视角度的取值范围是1—180。

透视角度是由Flash控制相机的角度做出的任何调整不会影响项目中存在的二维物体。如果更改Flash文件的透视角度设置，可以看到角度属性如何使3D对象变得扭曲。例如，如果旋转3D对象和保存的默认透视角度设置为55°，视角显示正常，如图7-23所示。

现在尝试设置透视角度为1°。不作任何更改3D对象，从根本上改变视角，如图7-24所示。

图7-23　3D对象的默认透视角度（55°）

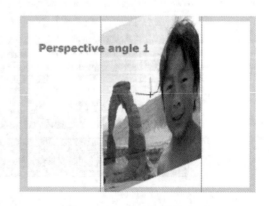

图7-24　3D对象设置为1°

最后，它采取了另一个极端，尝试设置角度为 179°的视角。随着这个设置，3D 对象变得面目全非，如图 7-25 所示。

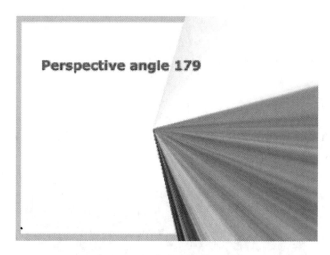

图 7-25　3D 对象设置为 179°

（4）消失点

如果我们看过一些美术基础教材的话，我们会熟悉一个叫"灭点"的概念。消失点确定了视觉的方向，同时消失点确定了 Z 轴的走向，Z 轴始终是指向消失点的。在 MC 被选中的情况下，打开属性面板，在属性面板的下部会有消失点调节设置，改变消失点的 X、Y 坐标，可将消失点设在舞台上的任何地方。系统默认的消失点在舞台的中心，即（275，200）处。

FLA 文件中的消失点属性控制在舞台上的 3D 影片剪辑元件的 X 轴的方向。当更改消失点的 X 和 Y 值，两个灰线出现在舞台上，表明设置了消失点。默认情况下，消失点设置为舞台的中心。消失点所做的任何更改只影响显示 3D 功能的对象。

2. Deco 工具

Flash CS5 的 3D 功能是新增的亮点之一，Deco 也是其中一个新增的工具，其更像是一个自定义路径的绘图与动画。Deco 工具可以用库中的任何元件作为图案，图案出现的方式可以是平铺、对称和藤漫 3种。平铺用于遮罩过渡十分方便，对称则对于需环状分布的图形则十分方便。

叶蔓动画就是利用 Deco 工具自动生成的动画，动画中有两个基本元素，一个是叶子，一个是蔓，都可以利用库里面的影片剪辑来替换。

使用此工具时须选中此工具，在属性面板中定义好类型（平铺、对称和藤漫，即 Grid Fill，Smmetry Brush 与 Vine Fill），然后在编辑 Deco 工具选项，选择自己库中定义好的图案。

如果要生成动画，则需要选择工具面板上的动画选项，动画是自动生成的。

任务 4　Deco 工具的使用

Deco 工具是 Flash 中一种类似"喷涂刷"的填充工具，使用 Deco 工具可以快速完成大量相同元素的绘制，也可以应用它制作出很多复杂的动画效果。将其与图形元件和影片剪辑元件配合，可以制作出效果更加丰富的动画效果。

Deco 工具提供了众多的应用方法，除了使用默认的一些图形绘制以外，Flash CS5 还为用户提供了开放的创作空间。可以让用户通过创建元件，完成复杂图形或者动画的制作。

Deco 工具是在 Flash CS4 版本中首次出现的，在 Flash CS5 中，Deco 工具的功能大大增强了，增加了众多的绘图工具，绘制丰富背景变得方便而快捷。

任务描述

使用 Flash CS5 新增的 Deco 工具制作水晶球内部图案。

任务目标与分析

本任务主要使用 Flash CS5 新增的 Deco 工具制作水晶球内部图案，效果如图 7-26 所示。学生应通过本任务的制作学习 Deco 工具创作的思路和方法。

图 7-26　水晶球效果

操作步骤

① 新建一个空白文档，使用"椭圆工具"画一个圆形。

② 填充线性渐变色，色值为：

色柄一：红：87，绿：113，蓝：236　Alpha：100%。

色柄二：红：13，绿：30，蓝：98　Alpha：100%。调整渐变方向，如图 7-27 所示。

③ 将圆形转化为"影片剪辑"，名为"球体"，并添加"发光"滤镜，参数如图 7-28 所示。

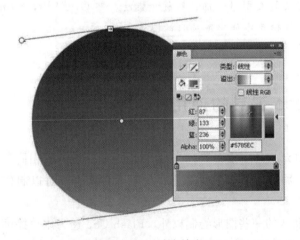

图 7-27　改变填充

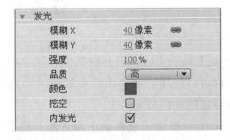

图 7-28　发光滤镜面板

④ 绘制一个月牙图形，如图 7-29 所示。

图 7-29 绘制月牙

⑤ 将"月牙"图形的颜色填充为白色，转化为"影片剪辑"，名为"月牙"，再画一个直径为 2 像素的白色圆形，转化为"影片剪辑"，名为"星星"。

⑥ 选择"Deco 工具"，按快捷键【Ctrl＋F3】打开"属性"面板，点击"叶"选项中的"编辑"按钮弹出"交换元件"对话框，选取"星星"。

⑦ 同样，"花"选项中选择影片剪辑"月牙"并将段长度设置为"0.5"，如图 7-30 所示。

图 7-30 设置月牙影片剪辑元件

⑧ 在影片剪辑"球体"上点击生成藤蔓式图形，如图 7-31 所示。

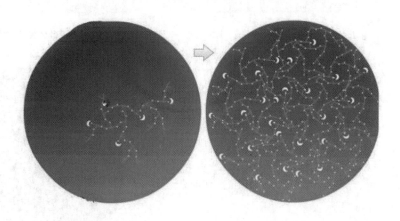

图 7-31 生成效果图形

⑨ 现在，双击"藤蔓式"图形中的线条，选中所有线条将颜色修改为白色，按 F8 转化为影片剪辑，名为"连接线"，并复制到新的图层上。再将其余的"星星"和"月亮"一起转化为影片剪辑，名为"枝

叶"，并复制到新的图层上，如图7-32所示。

图7-32 修改后

⑩ 选中"连接线"，在"属性"面板中添加"渐变斜角"滤镜，渐变色为"青色"和"黄色"参数如图7-33所示。

⑪ 再给"枝叶"添加"发光"滤镜，参数如图7-34所示。

图7-33 渐变斜角

图7-34 发光滤镜面板

⑫ 添加滤镜后，效果如图7-35所示。

⑬ 新建一个图名为"光影"，绘制水晶球的高光和阴影，复制一份与"球体"一样的圆填充"放射状"渐变，色值为：

色柄一：红：56，绿：90，蓝：179，Alpha：0％。

色柄二：红：25，绿：47，蓝：121，Alpha：100％。

调整渐变，如图7-36所示。

⑭ 再绘制一个椭圆为高光区，填充"线性"渐变，色值为：

色柄一：红：255，绿：255，蓝：255，Alpha：15％

色柄二：红：255，绿：255，蓝：255，Alpha：0％

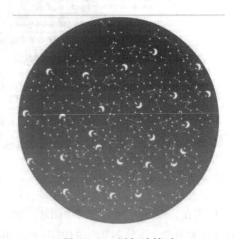

图7-35 添加滤镜后

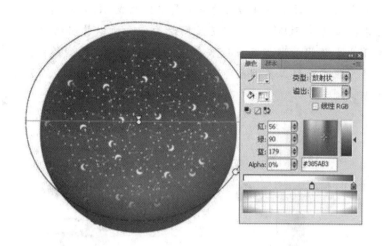

图 7-36　光影

调整渐变度，如图 7-37 所示。

⑮ 再加上背景和影子，完成水晶球制作，如图 7-38 所示。

图 7-37

图 7-38　水晶球

小知识

　　Flash CS5 中一共提供了 13 种绘制效果，包括藤蔓式填充、网格填充、对称刷子、3D 刷子、建筑物刷子、装饰性刷子、火焰动画、火焰刷子、花刷子、闪电刷子、粒子系统、烟动画和树刷子。

相关知识

1. 骨骼约束

选中骨骼后，在属性面板中设置约束的最小和最大值，实现骨骼运动范围的限制。

选中旋转约束后，在骨骼上出现一个半圆形符合，其角度范围即代表骨骼运动的范围。

选中移动约束后，在骨骼上出现 X 轴或 Y 轴向的标尺，代表平移范围。

2. 骨骼动画

在制作骨骼动画前，先选择自动关键帧动画制作模式，将播放头移至不同的帧上，调整骨骼，可直接创建骨骼反向运动动画。

首先制作一个简单的火柴人，每个能够活动的关节要单独做成MC，如图7-39所示。

Flash CS5立面的骨骼工具同3DMAX一样是反向动力学，所以骨骼的绑定也要遵循这个原则，将头、四肢绑定到人的躯干上。使用骨骼工具点选头部这个MC直接连接到所对应的躯干上，所点选MC的重心是可以调节的，使用任意变形工具调整即可，同样的按照方向动力学的原理将身体的其他部分连接起来，如图7-40所示。

图7-39　简单火柴人　　　　　　图7-40　骨骼工具的应用

这样骨骼的绑定就算完成了。

然后在时间轴上创建关键帧，调整出你想要做的动作，因为骨骼已经绑定，所以可以直接拖拉火柴人身体进行全身的动作调整，骨骼连接的中心点可以通过任意变形工具进行细节调整最后得到骨骼小人的动画效果。

拓展训练

1. 制作立方体画面展示效果。
2. 仔细观察人走路时的特征，尝试使用骨骼工具，制作一个行走的火柴棍小人形象。

总结与回顾

本项目通过4个实例介绍了Flash CS5中新增的3D工具、Deco工具以及骨骼工具的应用方法，学生应重点掌握3D旋转工具和3D平移工具的使用。

项目相关习题

一、选择题

1. 在使用3D工具时，灰色区域代表调节角度，分别调整（　　）。

A. X轴　　　　　　　B. Y轴　　　　　　　C. Z轴　　　　　　　D. 中心点

2. 当鼠标移动到（　　）圆圈时，可以对图像进行X、Y、Z轴的综合调整。

A. 红色　　　　　　　B. 绿色　　　　　　　C. 橙色　　　　　　　D. 蓝色

3. 关于Flash CS5中的"3D旋转工具"和"3D平移工具"的说法，错误的是（　　）。

A. 这两个工具不受ActionScript 2.0支持，必须使用ActionScript 3.0文档

B. "3D旋转工具"可以调整"影片剪辑"实例沿着XYZ三轴旋转，得到很好的透视效果

C. 使用"3D旋转工具"调整关键帧中的"图形"实例，可以制作3D补间动画

D. 使用"3D 平移工具"沿 Z 轴平移时，鼠标向下拖动是让对象更贴近眼睛，视觉上看起来对象
   会变大

二、填空题

1. Flash CS5 中这三种工具的名称为：_____、_____、_____。

2. 要制作蔓式填充应该使用工具箱中的_____工具。

3. 在使用 3D 工具时，出现的红色线条代表_____轴、绿色线条代表_____轴、蓝色线条代表
_____轴。

4. 使用 Deco 工具的快捷键是_____。

5. "3D 平移工具"只适用于_____元件。

三、操作题

1. 利用骨骼制作一个毛毛虫爬行的动画。

2. 利用 3D 工具制作一个旋转灯笼。

项目 8 ActionScript 3.0 基础知识

用 Flash 制作的动画之所以能引人注目，不仅是因为其画面美观、色彩绚丽或动作丰富，更大程度上是因为利用了 ActionScript 3.0 语句（本书统称 Action 语句）对动画进行编程。在 Flash CS5 中，利用一些简单而常用的 Action 语句可以对动画的播放进行控制，为元件或指定的对象添加特定的动作。

ActionScript 3.0 语句是一种动作脚本语言，通过使用 ActionScript 脚本语言，可以根据运行时间和加载数据等事件控制文档播放；为文档添加交互性，使之响应按钮单击等用户操作；将内置对象（如按钮对象）与内置的相关方法、属性和事件结合使用；创建自定义类和对象等。

✎ 项目目标

- 了解 ActionScript 3.0 基本概念。
- 了解 ActionScript 3.0 语法。
- 理解 ActionScript 3.0 中的常量和变量。
- 了解 ActionScript 3.0 中的数据类型。

任务 1 ActionScript 3.0 控制图像放大缩小动画

ActionScript 是 Flash 中内嵌的脚本程序，使用 ActionScript 可以实现对动画流程以及动画中的元件的控制，从而制作出非常丰富的交互效果以及动画特效。

任务描述

本任务通过设置"实例名称"和在"动作一帧"面板中输入脚本，实现动画效果，如图 8-1 所示。

图 8-1 效果图

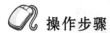 任务目标与分析

本实例首先设置元件的实例名称，然后添加相应的脚本语言，通过脚本语言控制实现动画效果。

操作步骤

① 单击"文件"→"新建"命令，新建一个 Flash ActionScript 3.0 文档。单击"属性"面板上的"编辑"按钮，在弹出的"文档属性"对话框中设置，如图 8-2 所示，单击"确定"按钮，完成"文档属性"对话框的设置。

图 8-2 "文档属性"对话框的设置

② 将"素材\图片 1"导入场景中。

③ 新建"图层 2"，将"素材\图片 2"导入场景中，并转换成将"影片剪辑"元件，命名为"police"，如图 8-3 所示。设置"属性"面板上的"实例名称"为"map_mc"，如图 8-4 所示。

图 8-3 导入素材至场景

图 8-4 定义实例名称

④ 单击"插入"→"新建元件",新建"放大"按钮元件,如图8-5所示。

⑤ 同理新建"缩小"按钮元件,库中元件如图8-6所示。

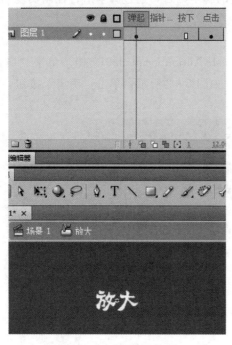

图8-5 "放大"按钮

图8-6 库中元件

⑥ 新建"图层3",将库中元件"放大"按钮和元件"缩小"按钮从库中分别拖入场景中,并依次设置元件的"实例名称"为"fdan"和"sxan"。

⑦ 新建"图层4",在"动作一帧"面板中输入脚本语言:

```
fdan. addEventListener (MouseEvent. CLICK, fdanClick);
function fdanClick ( evt: MouseEvent): void {
map _ mc. scaleX * = 1.10;
map _ mc. scaleY * = 1.10;
}
sxan. addEventListener (MouseEvent. CLICK, sxanClick);
function sxanClick (evt: MouseEvent): void {
map _ mc. scaleX * = 0.9;
map _ mc. scaleY * = 0.9;
}
```

⑧ 完成后的时间轴,如图8-7所示。

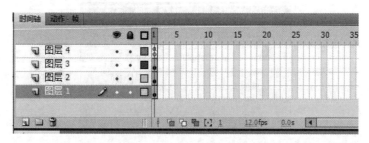

图8-7 "时间轴"面板

⑨ 完成 ActionScript 3.0 控制图像放大缩小动画的制作，按【Ctrl＋Enter】测试影片，并将影片保存。

小提示

① Flash CS5 中有两种写入脚本的方法，一种是在时间轴的关键帧中写入代码；另一种是在外面写成单独的 ActionScript 3.0 类文件再和 Flash 库元件进行绑定，或者直接和 FLA 文件绑定。本任务是将脚本直接写在时间轴上的。

② 使用 ActionScript 3.0 制作的动画效果需要使用 Flash Player 9 以上版本的播放器才能正常播放。

 相关知识

1. ActionScript 3.0 创建对象

格式 var 变量名：变量类型＝值；如：map _ mc. scaleX ＊＝1.10，创建元件，并把元件放到舞台上，舞台上的元件也是对象。

2. ActionScript 3.0 创建类

ActionScript 3.0 中包含许多类（数据类型和对象类型）。用户自己创建类，使用 class 关键字创建。

```
class 类名 {
声名变量
函数
}
```

3. 事件

事件是能够响应系统或用户特定操作的集合，包括以下内容。

① 事件源：发出事件的对象（如果你单击了一个按钮，那这个按钮就是事件源）。

② 事件类型侦听（如同上面所说的单击，是鼠标事件类型）。

③ 事件响应（即一个函数，用来决定做什么事情：比如单击按钮后会做什么？这主是事件响应函数所要实现的）。

4. ActionScript 3.0 脚本的基本语法

（1）点语法

Flash 中使用点"."运算符来访问对象的属性和方法，并标识指向的动画对象、变量或函数的目标路径。如表达式"uc _ x"表示"uc"对象的 _ x 属性。在点语法中，还包括这两个特殊的别名，其中 _ root表示动画中的主时间轴，通常用于创建一个绝对路径；而 _ parent 则用于对嵌套在当前动画中的子动画进行引用。

（2）语言标点符号

在 Flash 中语言标点符号主要包括：分号、逗号、冒号、小括号、中括号和大括号。这些标点符号在 Flash 中都有各自不同的作用，可以帮助定义数据类型，终止语句或者构建 ActionScript 代码块。

① 分号：ActionScript 语句用分号字符表示语句结束。

② 逗号：逗号的作用主要用于分割参数，比如函数的参数，方法的参数等。

③ 冒号：冒号的作用主要用于为变量指定数据类型。要为一个变量指明数据类型，需要使用 var 关键字和后冒号法为其指定。

④ 小括号：小括号在 ActionScript 3.0 中有三种用途。

首先，在数学运算方面，可以用来改变表达式的运算顺序。小括号内的数学表达式优先运算。其次，在表达式运算方面，可以结合使用小括号和逗号运算符，来优先计算一系列表达式的结果并返回最后一个表达式的结果。

⑤ 中括号：中括号主要用于数组的定义和访问。

⑥ 大括号：大括号主要用于编程语言程序控制、函数和类中。

（3）注释

注释是使用一些简单易懂的语言对代码进行简单的解释。注释可以帮助记忆编程的原理，并有助于其他人的阅读。其方法是直接在脚本中输入"//"然后输入注释的内容。

（4）关键字

在 ActionScript 3.0 中具有特殊含义且 Action 脚本调用的特定单词称为"关键字"。在编辑 Action 脚本时，不能使用 Flash CS5 保留的关键字作为变量、实例、类等的名称，以免发生脚本的混乱。如果在代码中使用了这些单词，编译器会报错。

任务2　利用 Flash CS5 AS 3.0 构建幻灯片效果

幻灯片效果通常被用于多媒体教学课件和商业产品宣传中，传统的线性编辑模式已经无法满足人们的选择性需求，所以 Flash CS5 中的 ActionScript 3.0 为专业开发人员提供了更为广阔的发展空间。

任务描述

通过本任务学习运用 Action 脚本来完成图片的顺序切换，实现幻灯片效果，效果如图 8-8 所示。

图 8-8　幻灯片效果图

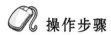 **任务目标与分析**

通过具体的实例语句来分析 ActionScript 3.0 语句的特点，并与之前讲解的基础知识联系起来。

操作步骤

① 单击"文件"→"新建"命令，新建一个 Flash ActionScript 3.0 文档。单击"属性"面板上的"编辑"按钮（快捷键【Ctrl＋J】），在弹出的"文档属性"对话框中设置影片大小为"55×400"，如图8-9所示，单击"确定"按钮，完成"文档属性"对话框的设置。

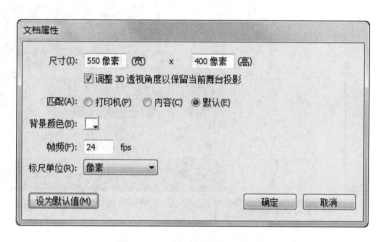

图 8-9　"文档属性"对话框

② 执行"文件"→"导入"→"导入到库"命令，打开"导入"对话框，选择所需的 5 张图片，如图 8-10 所示。

图 8-10　导入所需图片到库

③ 利用公用库按钮制作"开始""首页""末页""上页""下页"相应的按钮元件，如图 8-11 所示。

④ 在图层 1 中创建 5 个空白关键帧，并将 801jpg 至 805.jpg5 张图片分别放入 5 个帧，并进行适当的调整，如图 8-12 所示。

图 8-11　制作相应按钮　　　　　　　　　　图 8-12　放入 5 张图片于 5 个帧中

⑤ 新建"图层 2"，并将"开始"按钮拖到第 1 帧中图片的下方，如图 8-13 所示。

图 8-13　第 1 帧添加"开始"按钮

⑥ 在图层 2 的第 2 帧处按 F6 键插入关键帧，再将"首页""上页""下页""末页"按钮分别拖运到第 2 帧和图片下方，如图 8-14 所示。

图 8-14 第 2 帧添加按钮

⑦ 在第 3 帧、第 4 帧按 F6 分别添加与第 2 帧相同的按钮，在第 5 帧中只添加"首页"和"上页"按钮，如图 8-15 所示。

图 8-15 第 5 帧添加按钮

⑧ 在图层 2 的第 1 帧和第 5 帧分别添加帧标签 A 和 Z，如图 8-16 所示。

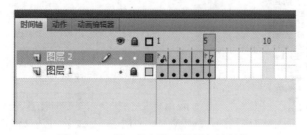

图 8-16 第 1 帧和第 5 帧添加帧标签

— 135 —

⑨ 新建"图层3",选中第1帧,执行"窗口"→"动作"命令打开"动作—帧"面板,输入"stop();",如图8-17所示。

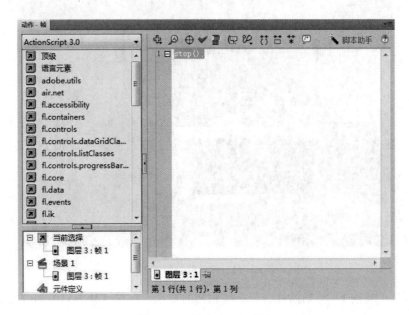

图8-17 输入Action语句

⑩ 选中图层2的第1帧中的"开始"按钮,打开其动作面板,在其中添加Action语句:

```
on (release) {
nextFrame ();
}
```

此时的"动作"面板如图8-18所示。

图8-18 为"开始"按钮添加Action语句

⑪ 为其他帧中的所有"首页"按钮添加如下语名：

```
on (release) {
gotoAndStop ("A");
}
```

此时的动作面板如图 8-19 所示。

⑫ 为其他帧中的所有"上页"按钮添加如下语名：

```
on (release) {
prevFrame ();
}
```

此时的动作面板如图 8-20 所示。

图 8-19 为"首页"按钮添加 Action 语句

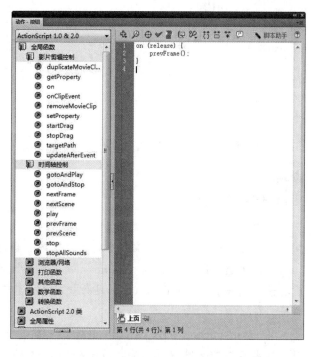

图 8-20 为"上页"按钮添加 Action 语句

⑬ 为其他帧中的所有"下页"按钮添加如下语名：

```
on (release) {
nextFrame ();
}
```

此时的动作面板如图 8-21 所示。

⑭ 为其他帧中的所有"末页"按钮添加如下语句：

```
on (release) {
gotoAndStop ("Z");
}
```

此时的动作面板如图 8-22 所示。

 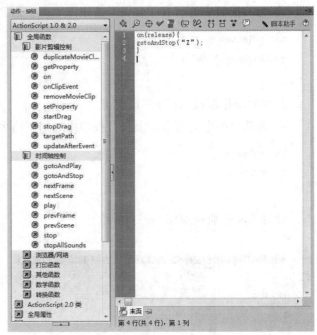

图 8-21　为"下页"按钮添加 Action 语句　　　图 8-22　为"末页"按钮添加 Action 语句

⑮ 按【Ctrl＋Enter】组合键测试动画，并将动画片保存。

 相关知识

1. 帧动作的应用

帧动作就是当前影片或影片剪辑播放到某一帧时所执行的动作。常用的帧动作命令有：

① gotoAndPlay（scene，frame）：跳转到指定场景的指定帧开始播放。若未指定场景，则默认为当前场景。例如 gotoAndPlay（10）动作代码的作用是：让播放头跳转到当前场景的第 10 帧并从该帧开始播放。

② gotoAndStop 命令（scene，frame）：跳转到指定的场景指定的帧并停止在该帧。若未指定场景，则默认当前场景。例如 gotoAndStop（10）动作代码的作用是：让播放头跳转到当前场景的第 10 帧并停止在该帧。

③ nextFrame（）：跳至下一帧并停止播放。

④ prevFrame（）：跳至前一帧并停止播放。

⑤ nextScene（）：跳至下一场景并停止播放。

⑥ prevScene（）：跳至前一场景并停止播放。

⑦ play（）：该命令没有参数，功能是使动画从它的当前位置开始放映。

⑧ stop（）：该命令没有参数，功能是停止播放动画，并停在当前帧位置。

⑨ stopALLSounds（）：停止当前动画中所有声音的播放，但是动画仍继续播放。

2. 按钮动作的应用

要控制动画的播放以及用户与动画的交互，就必须通过按钮来实现，给按钮添加动作的语法是：

on（事件）{

执行动作；

}

常见的按钮事件有以下几种：

① on（press）：在按钮上按下鼠标左键，动作触发。

② on（release）：在按钮上按下鼠标左键后再释放鼠标，动作触发。

③ on（rollOver）：鼠标移动到按钮上动作触发。

④ on（rollOut）：鼠标移出按钮区域动作触发。

⑤ on（dragOver）：在按钮上按下鼠标并拖住鼠标离开按钮，然后再次将指针移到按钮上时发生。

⑥ on（dragOut）：在按钮上按下鼠标并拖动鼠标离开按钮响应区时发生。

例如：

制作一个按钮，并给该按钮添加如下动作代码：

```
on（release）{
trace（"你单击了一次按钮"）;
}
```

运行结果：每单击一次按钮，就会输出一次"你单击了一次按钮"。

3. 按钮事件处理函数

（1）格式

按钮的实例名称 . 按钮事件处理函数＝function（）{

执行的动作;

}

（2）常见的按钮事件处理函数

① onPress：在按钮上按下鼠标左键时启用。

② on Release：在按钮上按下鼠标左键后再释放鼠标时启用。

③ onRollOver：鼠标移动到按钮上时启用。

④ onRollOut：鼠标移出按钮区域时启用。

例如：

制作一个按钮，设置该按钮的实例名为"my＿btn"。选择该按钮所在的关键帧，添加如下动作代码：

```
my＿btn. onRelease = function（）{
trace（"你单击了一次按钮"）;
};
```

运行结果：每单击一次按钮，就会输出一次"你单击了一次按钮"。

4. onClipEvent（）（影片剪辑事件）

（1）格式

```
onClipEvent（事件）{
执行的动作;
}
```

常见的影片剪辑事件有以下几种：

① onClipEvent（load）：影片剪辑被加载到目前时间轴时，动作触发。

② onClipEvent（unload）：影片剪辑被删除时，动作触发。

③ onClipEvent（enterFrame）：当播放头进入影片剪辑所在的帧时，动作触发。

④ onClipEvent（mouseMove）：当移动鼠标时，动作触发。

⑤ onClipEvent（mouseDown）：当按下鼠标左键时，动作触发。

⑥ onClipEvent（mouseUp）：当释放鼠标左键时，动作触发。

(2) 用法举例

绘制一个五角星，将其转换为影片剪辑，并给该影片剪辑添加如下动作代码：

```
onClipEvent (enterFrame) {      //当播放头进入影片剪辑所在帧时
_ rotation + = 10;              //让影片剪辑顺时针旋转，每次旋转10°
}
```

运行结果：影片剪辑五角星不断地旋转，每次旋转10°。

5. 影片剪辑事件处理函数

(1) 格式

影片剪辑的实例名称 . 影片剪辑事件处理函数＝function () {

执行的动作；

}

常见的影片剪辑事件处理函数有以下几种：

① onLoad：影片剪辑被加载到目前时间轴时启用。

② onUnload)：影片剪辑被删除时启用。

③ onEnterFrame：当播放头进入影片剪辑所在的帧时启用。

④ onMouseMove：当移动鼠标时启用。

⑤ onMouseDown：当按下鼠标左键时启用。

⑥ onMouseUp：当释放鼠标左键时启用。

(2) 类似按钮的事件处理函数

① onPress：在影片剪辑上按下鼠标左键时启用。

② on Release：在影片剪辑上按下鼠标左键后再释放鼠标时启用。

③ onRollOver：鼠标移动到影片剪辑上时启用。

④ onRollOut：鼠标移出影片剪辑时启用。

(3) 用法举例

绘制一个五角星，将其转换为影片剪辑，设置该影片剪辑的实例名为"my _ mc"。选择该影片剪辑所在的关键帧，添加如下动作代码：

```
my _ mc. onEnterFrame = function () {     //当播放头进入影片剪辑"my _ mc"所在帧时
my _ mc. _ rotation + = 10;              //让影片剪辑"my _ mc"顺时针旋转，每次旋转10°
};
```

运行结果：影片剪辑"my _ mc"不断地旋转，每次旋转10°。

任务3　制作鼠标跟随效果

相信大家在浏览某些精彩网站的时候看到过这样的效果，一些漂亮的小星星或者小花之类的物体会随着鼠标的移动而不断地跟随，并在鼠标静止时不断涌现。今天我们就来制作一个鼠标跟随的效果。

任务描述

利用 ActionScript 3.0 语句来实现一连串的泡泡紧紧跟随鼠标移动的效果。学完本任务，不但可以掌握如何制作鼠标跟随效果，而且对动画创作的技巧会有一个新的认识。

任务目标与分析

① 了解 ActionScript 3.0 中语句为定义鼠标移动事件。

② 掌握为影片剪辑元件添加 Action 语句的方法。

操作步骤

① 新建一个 Flash 文档，影片大小为"550×400"，并将文档背景颜色设为"65FFCC"。

② 单击"文件"→"导入"→"导入到舞台"命令，导入素材图片，并调整其大小，使其与舞台大小一致，如图 8-23 所示。

图 8-23　导入素材并调整其大小

③ 选中背景图片，按 F8 键将其转换为影片剪辑元件。

④ 按下【Ctrl+F8】组合键新建一个名为"泡泡"的图形元件，进入元件编辑状态，绘制如图 8-24 所示的泡泡。

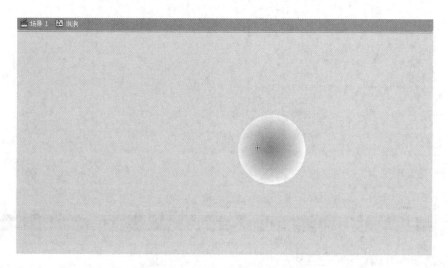

图 8-24　绘制"泡泡"图形元件

⑤ 返回主场景，按下【Ctrl+F8】组合键打开"创建新元件"对话框，在"类型"下拉列表中选择"影片剪辑"选项。单击该对话框中的"高级"按钮，选中"为 ActionScript 导出"复选框，并在"名称"和"类"文本框中输入"paopao"，如图 8-25 所示。

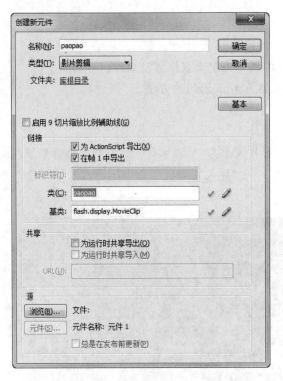

图 8-25 创建"paopao"影片剪辑元件

⑥ 单击"确定"按钮进入元件编辑状态,将"泡泡"图形元件插入场景。

⑦ 在第 15 帧处按下 F6 插入关键帧。

⑧ 在图层 1 上单击鼠标右键,在弹出的快捷菜单中选择"添加传统运动引导层"选项,创建引导层,并利用铅笔工具绘制一条圆滑曲线,如图 8-26 所示。

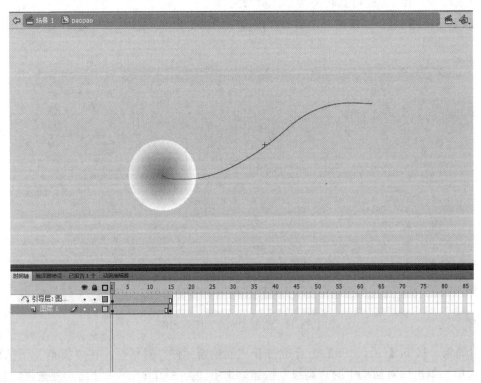

图 8-26 "添加传统运动引导层"并绘制运动路线

⑨ 选中图层 1 的第 1 帧,单击鼠标右键,在弹出的快捷菜单中选择"创建传统补间"选项,创建传统补间动画。将第 1 帧和第 15 帧中的"泡泡"图形元件的中心点对齐到曲线的下端和上端,如图 8-27 所示。

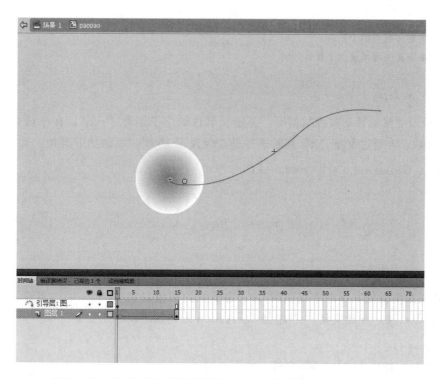

图 8-27 将"泡泡"图形元件的中心点对齐到曲线的下端和上端

⑩ 选中引导层的第 16 帧,单击"窗口"→"动作"命令,打开"动作"面板。在其中添加"stop();",使动画播放到当前帧时停止播放,如图 8-28 所示。

图 8-28 添加 Action 语句

⑪ 返回到主场景，单击新建图层 2，选中图层 2 的第 1 帧，打开"动作"面板，在其中添加 Action 语句，定义一些变量和数组对象。

第一帧添加以下代码：

```
var i = 0；//用来定义泡泡的个数；
var k = 0；//用来定义一圈星星的个数；
var del = false；
var pao：Array = new Array ()；
```

⑫ 为当前场景添加鼠标移动事件的侦听，并定义事件响应子函数"run"，在子函数中使用变量"k"记录事件触发的次数，再通过变量"k"判断事件是否触发了 10 次。添加如下语句：

```
addEventListener (MouseEvent.MOUSE _ MOVE, run)；
function run (evt) {
k + +；
if (k = = 10)
}
```

⑬ 事件触发 10 次，定义对象"pp"为影片剪辑元件实例"paopao"，再通过"addChild"函数将"pp"实例添加到场景中并将其保存于以变量"i"为下标的数组对象"pao"中，再设置该对象实例的坐标值与鼠标的坐标值一致，并让变量"i"增加 1。Action 语句如下：

```
var pp = new paopao ()；
pao [i] = addChild (pp)；//添加并显示实例
pao [i] . x = mouseX；
pao [i] . y = mousey；
i + +；
```

⑭ 当变量"i"的值为 10 时，表示已经添加了 10 个到泡泡场景中，此时设置变量"i"为 0，以便替换先前添加的实例，同时设置变量"del"为"true"，让程序在添加新建的实例中删除以前添加的实例。

判断完成后让事件触发器计数变量"k"清零。此时在"动作"面板中添加如下 Action 语名：

```
if (i = = 10) {
  i = 0；
  del = true；
  }
  k = 0；
  if (del) { removeChild (pao [i])}；//删除
添加的实例
```

表示添加了 10 个泡泡后再添加泡泡时，应把以前的泡泡替换，因此在变量"del"为"true"时将以前添加的对应实例移除，如图 8 - 29 所示。

⑮ 保存文档，按【Ctrl＋Enter】组合键测试动画，即可看到本例制作的动画效果。

图 8 - 29 添加命令后的动作窗口

相关知识

1. if...else 语句 (条件语句)

(1) 格式

if (条件) {

语句 1;

} else {

语句 2;

}

(2) 用法举例

当条件成立时，执行"语句 1"的内容。当条件不成立时，执行"语句 2"的内容。

例如：

```
if (a>b) {    //判断 a 是否大于 b
trace ("a>b");    //若成立，则输出 a>b
} else {
trace ("b> = a");    //若不成立则输出 b> = a
}
```

2. duplicateMovieClip 命令 (影片剪辑的动态复制)

(1) 格式

duplicateMovieClip (target，newname，depth)

参数说明：

target：要被复制的影片剪辑的实例名称。

newname：复制出来的影片剪辑指定的名称。

depth：复制出来的影片剪辑指定的深度值。

(2) 用法举例

在舞台上制作一个影片剪辑，大小 60×60，位于舞台上方，实例名称为"my_mc"。选择"my_mc"所在的关键帧添加如下动作代码：

```
for (i = 1; i< = 3; i + +) {
duplicateMovieClip ("my_mc"，"new_mc" + i，i);
setProperty ("new_mc" + i，_y，i * 110);
setProperty ("new_mc" + i，_xscale，i * 200);
}
```

以上动作代码的作用是：

① 对"i"作循环，"i"的取值分别为 1、2、3。

② 每次都以"my_mc"为样本，复制出一个新的影片剪辑。复制出的新影片剪辑名称分别为"new_mc1""new_mc2""new_mc3"。

③ 复制深度值取"i"，三个影片剪辑的深度分别为 1、2、3。

④ 复制出的三个影片剪辑的纵坐标_y 的取值是 i * 110，分别为 110、220、330，水平放大百分比为 i * 200，分别为 200、400、600。

3. removeMovieClip（删除动态添加的影片剪辑）

（1）格式

removeMovieClip（target）

参数说明：

target：要删除的影片剪辑的实例名称。

（2）用法举例

可以用下面的语句删除动态添加的影片剪辑实例"mymc"。

removeMovieClip（"mymc"）

4. 常用的影片剪辑属性

① _x：影片剪辑在舞台中的 x 坐标。

② _y：影片剪辑在舞台中的 y 坐标。

③ _rotation：影片剪辑的旋转角度。

④ _alpha：影片剪辑的的透明度。

⑤ _visible：影片剪辑是否可见。

⑥ _width：影片剪辑的宽度。

⑦ _height：影片剪辑的高度。

⑧ _xscale：影片剪辑的水平缩放百分比。

⑨ _yscale：影片剪辑的垂直缩放百分比。

⑩ _xmouse：鼠标的 x 坐标。

⑪ _ymouse：鼠标的 y 坐标。

拓展训练

制作一个小白兔眼睛跟随红萝卜动画。

操作提示：新建影片剪辑元件，返回场景中，并导入相关素材，新建图层，将"影片剪辑"元件拖入场景中，添加相应的脚本代码，完成动画的制作，效果如图 8-30 所示。

图 8-30 动画效果图

眼睛转动代码如下：

```
this.onMouseMove = function ()
{
```

```
eyeX = _ root. _ xmouse - this. _ x;
eyeY = _ root. _ ymouse - this. _ y;
ang = Math. atan2（eyeY，eyeX）＊180/Math. PI
this. _ rotation = ang
};
```

总结与回顾

本项目主要简单介绍了 ActionScript 3.0 脚本语言的一些基本语法，并通过 3 个具体任务，展现了脚本语句在使用时的具体形式，以及具有实现一些复杂效果的功能。

项目相关习题

一、选择题

1. 在 ActionScript 中，下列哪个说法是正确的（　　）。
    A. 不区分大小写　　　　　　　　　　　　　B. 区分大小写
    C. 只有关键字是区分大小写的，其他则无所谓　　D. 以上都不正确
2. 在 ActionScript 2.0 脚本中，以下方法不能在 MovieClip 类中使用的是（　　）。
    A. loadMovie　　　　　　　　　　　　　　B. play
    C. createNewMovieClip　　　　　　　　　　D. getURL
3. 下列电子邮件链接书写形式正确的是（　　）。
    A. mailto：froglt@163.com　　　　　　　　B. mailto：//froglt@163.com
    C. http：//froglt@163.com　　　　　　　　D. mailto//froglt@163.com
4. Flash 影片中不能添加动作语句的对象是（　　）。
    A. 按钮元件　　　　　　　　　　　　　　　B. 关键帧
    C. 影片剪辑元件　　　　　　　　　　　　　D. 图形元件
5. 能够在 Flash 中添加动作语句的地方是（　　）。
    A. "库" 面板　　　　　　　　　　　　　　B. "动作" 面板
    C. "行为" 面板　　　　　　　　　　　　　D. "属性" 面板
6. 设长为 30 帧的动画，要停止该影片的播放，需要在结尾的第 30 帧上添加代码（　　）。
    A. Stop；　　　　　　　　　　　　　　　　B. Stop（）；
    C. Stop（30）；　　　　　　　　　　　　　D. gotoAndStop；
7. 以下是对在属性面板中设置文本链接的描述，其中正确的描述是（　　）。
    A. 只有动态文本可以直接在属性面板中设置 URL 链接，静态文本不可以
    B. 只有静态文本可以直接在属性面板中设置 URL 链接，动态文本不可以
    C. 只有输入文本不可以直接在属性面板中设置 URL 链接
    D. 动态文本和输入文本都不可以直接在属性面板中设置 URL 链接
8. Flash 中，动作脚本可以添加到下面哪些位置或对象上（　　）。
    A. 普通帧　　　　　　　　　　　　　　　　B. 空白关键帧
    C. 按钮　　　　　　　　　　　　　　　　　D. 影片剪辑

9. 如要为语句 "on（press）{getURL（"http：//www.crtvu.edu.cn"，"_blank"）;}" 进行注释，则添加注释的方法有哪些（　　）。

　　A. //点击按钮，则会链接到指定的网站

　　B. /*点击按钮，则会链接到指定的网站*/

　　C. */点击按钮，则会链接到指定的网站/*

　　D. /点击按钮，则会链接到指定的网站/

10. 按钮可以响应多种事件，如果希望让按钮响应"鼠标释放"事件，那么应该使用的语句是（　　）。

　　A. on（release）　　　　　　　　　　B. on（rollover）

　　C. on（dragout）　　　　　　　　　　D. on（rollout）

11. 完成下列功能，使用 Flash 的 ActionScript 中的 "FSCommand" 函数无法实现的是（　　）。

　　A. 使动画全屏模式播放

　　B. 与网页中的 Javascript 脚本交互

　　C. 禁止在播放时通过拉伸窗口缩放影片

　　D. 使正在播放的动画暂停

12. 下列选项中不属于 Flash 的时间轴控制函数的是（　　）。

　　A. gotoAndPlay（　）　　　　　　　　B. stop（　）

　　C. gotoFrame（　）　　　　　　　　　D. nextFrame（　）

二、填空题

1. 在运行 Flash 后有两种方式可以打开动作面板，它们分别是_____和_____。

2. 给关键帧添加动作后，在关键帧上会显示一个_____标记。

3. _____可以理解为条件，是一种判断，有"真"和"假"两个取值。

4. _____可以理解为效果，当相应的"条件"成立时，即执行相应的"效果"。

5. _____命令的作用是用于播放动画，而_____命令的作用是用于停止动画播放，并且让动画停止在当前帧。

6. 执行_____命令后，将跳转到当前场景的第20帧并继续执行。

7. 在编写动作脚本时可以使用"//"来进行注释。如果注释太长要分几行，可以使用的表达方式是_____。

三、判断题

1. 出现一个小 a 则表示该帧已经被分配帧动作。　　　　　　　　　　　（　　）

2. "gotoAndPlay（"场景1"，50）;" 的描述是转到场景1的第50帧的地方并停止。（　　）

3. ActionScript 是 Flash 专用的一种程序语言。　　　　　　　　　　　（　　）

4. Flash 中，ActionScript 提供的操作模式只有"标准模式"。　　　　　（　　）

5. 在 Flash 中，ActionScript 程序可以添加到在帧、按钮和电影片段上。　（　　）

四、操作题

1. 利用按钮元件来控件一个影片的播放，有两种不同的控制形式，一种是控制主场景里的动画，另一种是控制影片剪辑元件内的动画，比较两种控制形式的区别。

2. 制作一个鼠标跟随动画。

项目 *9*　声音与视频的编辑

一个动画不仅要有制作精美的画面，恰如其分的声音会给动画锦上添花。Flash CS5 提供了许多使用声音的方式，可以使声音独立于时间轴连续播放，或使画和一音轨同步播放，给按钮元件添加声音可以使按钮具有更好的交互效果，通过声音的淡入淡出可使声音更加自然。Flash CS5 支持最主流的声音文件格式，用户可以根据动画的需要添加任意的声音文件。在 Flash CS5 中，声音可以添加到时间轴的帧上，或者按钮元件的内部

✎ 项目目标

- 了解 Flash CS5 中的声音。
- 理解如何在 Flash CS5 中添加声音。
- 掌握在 Flash CS5 中声音的编辑。
- 熟练掌握声音属性的设置。

任务 1　制作配乐按钮动画

◣ 任务描述

配乐按钮动画是在黄色背景之上，一个凸起的按钮、"暂停"文字和两个静止的画面。当鼠标移到按钮之上后，喇叭会发出声音。再单击按钮，按钮会变为凹下状态。当释放鼠标后，按钮又变为凸起状态。

✇ 任务目标与分析

首先制作一个按钮元件，然后在按钮元件上导入声音形成动画效果。

✍ 操作步骤

① 打开 Flash CS5，新建一个 Flash 文档，设置影片为"300×300"像素，背景、帧频默认。

② 单击"插入"→"新建元件"，新建一个按钮元件，取名为"圆形按钮"，如图 9-1 所示。

③ 进入按钮元件编辑区，在按钮元件编辑区选择"弹起"帧，用"椭圆工具"绘制一正圆，并在圆上输入"弹起"两字，如图 9-2 所示。

图9-1　创建"圆形按钮"元件

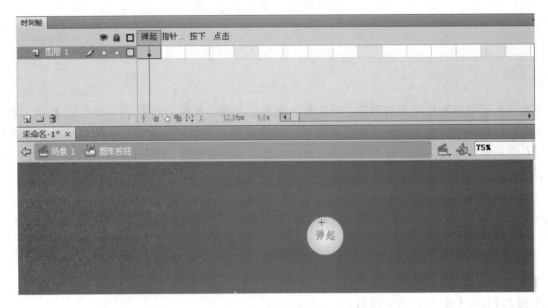

图9-2　"弹起"帧

④ 在"指针经过"帧插入关键帧，将圆的颜色改为蓝色，并将"弹起"文字改为"指针经过"，并调整大小，使大小和位置都与"弹起"帧相同，如图9-3所示。

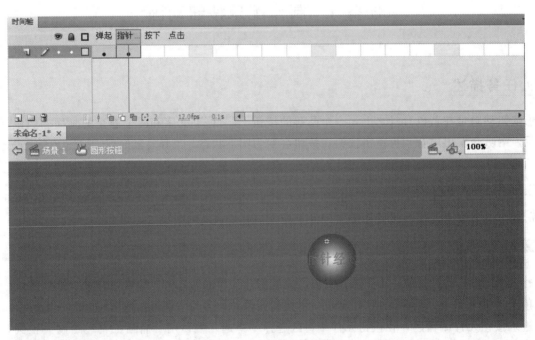

图9-3　"指针经过"帧

⑤ 在"按下"帧插入关键帧，将圆的颜色改为绿色，并将"指针经过"文字改为"按下"，并调整大小，使大小和位置都与"弹起"帧相同，如图 9-4 所示。

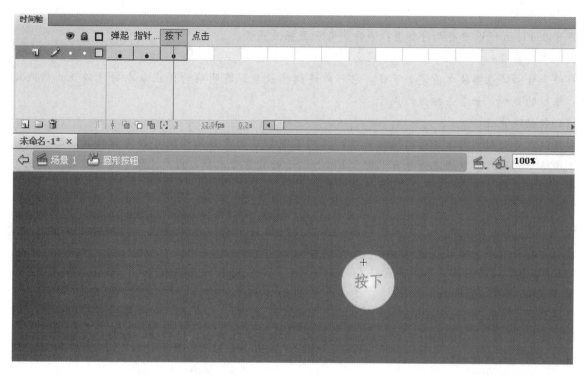

图 9-4　"指针按下"帧

⑥ 选择"文件"→"导入"→"导入到库"，打开"导入到库"对话框，将声音文件"button1.wav"导入到库中。

⑦ 在"图层 1"上插入"图层 2"，选中图层 2 的"按下"帧，按 F6 键，在"点击"帧按 F5 键，在"按下"帧"属性"面板的声音下拉列表框中选择导入"button1.wav"声音文件，如图 9-5 所示，按钮元件的时间轴面板如图 9-6 所示。

⑧ 返回主场景，将"圆形按钮"拖入到场景中。

⑨ 按【Ctrl+Enter】测试动画效果。

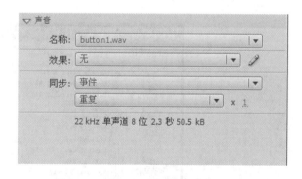

图 9-5　"按下"帧声音"属性"面板

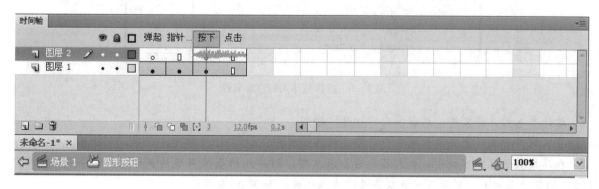

图 9-6　按钮元件的"时间轴"面板

— 151 —

相关知识

1. 声音的类型

声音在 Flash CS5 中有两种类型：事件声音和数据流声音。

（1）事件声音

事件声音必须在播放之前完全下载，它可以连续播放直到有明确的停止命令时才停止。因此比较适合制作很短的声响，如单击按钮的声音。

（2）数据流声音

数据流声音与时间轴上的动画播放同步，只须下载影片的开始几帧就可以开始播放，这一点特别适合用于网络中。因此，数据流声音可以用于 Flash CS5 的背景音乐中，用户无须等待太长的时间就可以听到声音，因为数据流声音可以一边播放一边下载。

2. Flash CS5 中的声音文件

Flash CS5 支持最主流的声音文件格式，用户可以根据动画的需要添加任意的声音文件。在 Flash CS5 中，声音可以添加到时间轴的帧上，或者按钮元件的内部。

（1）Flash CS5 中可以导入的声音格式

① WAV，仅限 Windows。

② AIFF，仅限 Macintosh。

③ MP3，适用于 Windows 或 Macintosh。MP3 的特点是体积小、传输快，能使小文件产生高质量的音频效果，跨平台性能好。

（2）导入外部声音

① 选择"文件"→"导入"→"导入到库"，弹出"导入"对话框，如图 9-7 所示。

图 9-7　选择要导入的声音文件

② 选择导入的声音文件，然后单击"打开"按钮。

③ 导入的声音文件会自动出现在当前影片的库面板中，如图 9-8 所示。

④ 在库面板的预览窗口中，如果显示的 1 条波形，则导入的是单声道的声音文件，如图 9-8 所示；如果显示的是 2 条波形，则导入的是双声道的声音文件，如图 9-9 所示。

图 9-8 库面板中的单声道声音文件

图 9-9 库面板中的双声道声音文件

小知识

　　将声音文件导入后，会自动保存到"库"中，可以随时调用；在动画中加入音效时，为了方便编辑声音，最好将声音文件放在单独的图层中；如果动画中含有多个声音文件，要建立多个图层，一个声音文件占用一个图层，每个图层如同一个单独的声音通道，当播放动画时，所有图层的声音就被混合在一起了。

任务2　制作"森林的乐章"

任务描述

在鸟语流水的音乐声中，森林图片发生着动态的变化。

任务目标与分析

需要两个图层。一个图层做简单的补间动画，通过改变亮度和透明度达到动态效果，然后需要新建一个图层来放置音乐文件，可以设置音乐文件的属性得到不同的效果。

操作步骤

① 新建一个 Flash 文档，执行"文件"→"导入"→"导入到舞台"命令，将素材图片导入到舞台

中，并调整图片大小，使其与舞台大小一致，如图9-10所示。

图9-10　导入图片

② 选中场景中的图片，按F8将其转换为影片剪辑元件。

③ 分别在第15帧、第30帧、第45帧插入关键帧。

④ 在"属性"面板中将第15帧处的元件的亮度改为"—20％"，第30帧处元件透明度改为"50％"，如图9-11和图9-12所示。然后在第1帧到第15帧，第15帧到第30帧，第30帧到第45帧的传统补间动画。

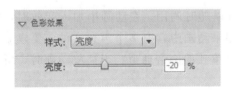

图9-11　设置图片亮度

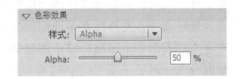

图9-12　设置图片透明度

⑤ 新建图层2，将其命名为"音乐"，并在该图层的第10帧处插入关键帧，如图9-13所示。

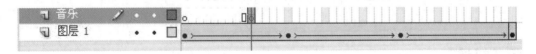

图9-13　新建音乐图层

⑥ 执行"文件"→"导入"→"导入到舞台"命令，导入"森林的乐章.mp3"。

⑦ 选择"音乐"图层的第10帧，在"属性"面板中的"名称"下拉列表框中选择"森林的乐章.mp3"选项，然后再"同步"下拉列表框中选择"事件"选项，如图9-14所示。

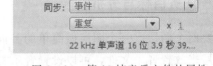

图9-14　第10帧音乐文件的属性

⑧ 单击"属性"面板中的"编辑声音封套"按钮，打开"编辑封套"对话框。

⑨ 在"效果"下拉列表框中选择"淡入"选项，如图9-15所示。

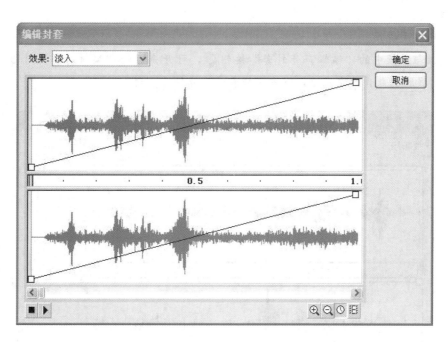

图 9 - 15 设置声音效果

⑩ 单击"确定"按钮关闭对话框。

⑪ 按【Ctrl＋S】组合键保存文件。

⑫ 按【Ctrl＋Enter】组合键预览动画最终效果。

 相关知识

1. 编辑声音

当为某图层时间轴添加声音文件后，单击带声音波形的帧单元格，声音的"属性"面板如图 9 - 16 所示。

① 在"声音"下拉列表框中，将显示库中的所有声音文件。

② 在"效果"下拉列表框中，可以设置如下的音频效果。

● 无：不使用任何效果，选择此项可删除以前所应用过的效果。

● 左声道：只在左边的声道播放有音效。

● 右声道：只在右边的声道播放有音效。

● 从左到右淡出：声音会从左边的声道转移到右边的声道并逐渐减小强度。

图 9 - 16 声音属性面板

● 从右到左淡出：声音会从右边的声道转移到左边的声道并逐渐减小强度。

● 淡入：会在声音的持续时间内逐渐增加其强度。

● 淡出：会在声音的持续时间内逐渐减小其强度。

● 自定义：单击 🖉 按钮选项可以打开"编辑封套"对话框，来自定义声音的效果，在"编辑封套"对话框中可以定义音频的播放起点，并且控制播放声音的大小，还可以改变音频的起点和终点，可以从中截取部分音频，使音频变短，从而使动画占用较小的空间。

2. 操作步骤

① 选择声音所在关键帧。

② 单击"属性"面板中的"编辑声音封套"按钮，打开声音的"编辑封套"对话框，如图 9-17 所示。其中上方区域表示声音的左声道，下方区域表示声音的右声道。

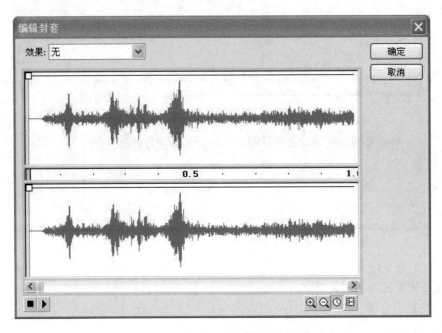

图 9-17　声音"编辑封套"对话框

③ 要在秒和帧之间切换时间单位，可以单击右下角的"秒"按钮和"帧"按钮。单击"帧"按钮，效果如图 9-18 所示。

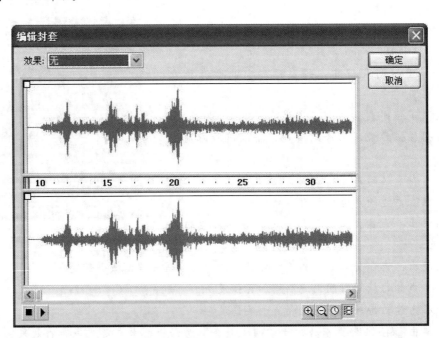

图 9-18　切换时间单位

④ 在对话框上方的"效果"下拉列表框中还可以修改音频的播放效果。

⑤ 如果只截取部分音频，可以改变声音的起点和终点，通过拖曳"编辑封套"对话框中的"开始时

间"⚫和"停止时间"⚫控件来改变音频的起始位置和结束外置，如图9-19所示。单击对话框左下角的播放按钮可试听编辑音频后的效果。

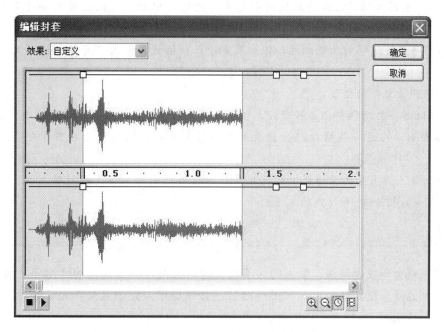

图 9-19　改变声音的起始点

⑥ 拖到幅度包络线上的控制柄，改变音频上不同点的高度可以改变音频的幅度，如图9-20所示。

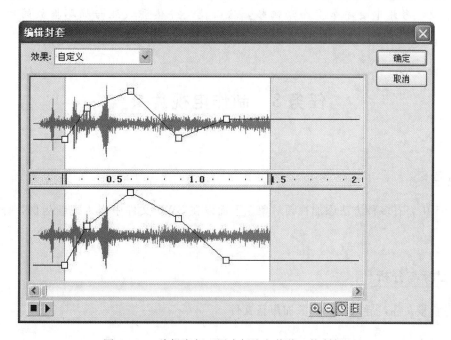

图 9-20　编辑音频（图中标注包络线、控制柄）

> **小知识**
>
> 　　包络线表示声音播放时的音量，单击包络线，最多可以创建8个控制柄。如果要删除控制柄，只要拖到控制柄到窗口外即可。

3. "同步"下拉列表框中的几个选项

① 事件：使声音与事件的发生同步开始。当动画播放到声音的开始关键帧时，事件音频开始独立于时间轴完整播放，不会因为动画已经播放完而引起声音的突然中断。该设置模式会使声音按照指定的重复播放次数一次不漏地全部播放完。

② 开始：与"事件"选项的功能相近，但如果声音正在播放，使用"开始"选项则不会播放新的声音实例。

③ 停止：结束声音文件的播放。

④ 数据流：Flash会自动调整动画和音频，使动画播放的进度与音效播放进度一致。如果机器运行较慢，Flash电影就会自动略过一些帧以配合背景音乐的节奏。一旦动画停止，声音即使没有播放完也会停止。

⑤ 重复：控制导入的声音文件播放次数，在其后的数值框中输入重复播放的次数。例如，如果动画里长为3分钟，声音的长为36秒，则输入5。

小知识

事件声音可能会变成跑调的、烦人的、不和谐的声音循环。如果在动画循环之前声音就结束了，声音就会回到开头重新播放。几次循环之后，会变得让人无法忍受，为了避免上述情况，可以选择"开始"选项。

⑥ 循环：让声音文件一直循环播放，不停止。不推荐循环播放流声音文件，如果一个流声音文件被设置为循环播放，影片中会添加多个动画帧，从而使文件体积按照与循环播放的次数成正比关系增大。

任务3 制作电视片头

任务描述

在Flash CS5中，有多种方法添加视频对象。下面以在SWF文件中嵌入视频为例，介绍电视片头的制作。

任务目标与分析

先打开电视背景文件，导入视频，添加声音文件。

操作步骤

① 打开"电视播放.fla"文件。

② 新建一个图层，命名为"视频"，执行"文件"→"导入"→"导入视频"命令，打开"选择视频"对话框，如图9-21所示。

③ 单击"浏览"按钮，打开"打开"对话框，在其中选择要导入的"视频片头"文件，如图9-22所示，然后单击"打开"按钮。

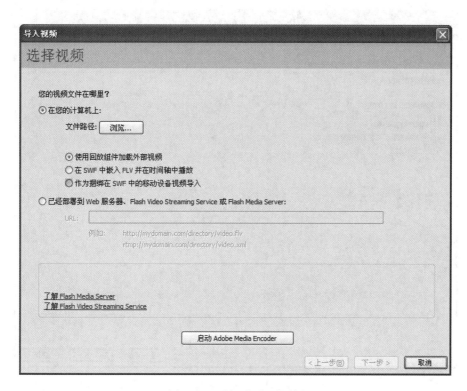

图 9 - 21 导入视频对话框

图 9 - 22 "打开"对话框

④ 返回"选择视频"对话框，选择"在 SWF 中嵌入 FLV 并在时间轴中播放"选项。单击"下一步"按钮。

⑤ 打开"嵌入"对话框，保持默认选项，如图 9 - 23 所示。

⑥ 单击"下一步"按钮，进入导入视频的"完成视频导入"对话框，如图 9 - 24 所示。

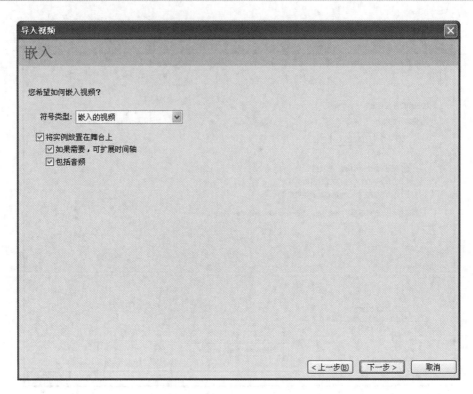

图 9-23 "嵌入"对话框

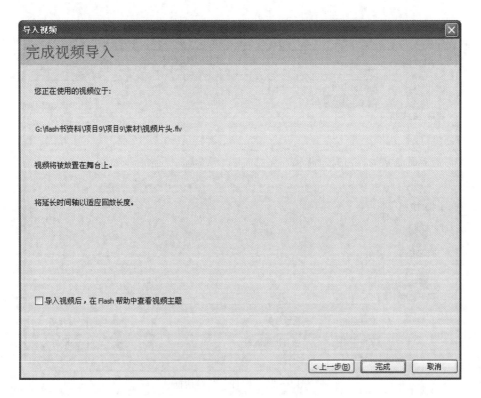

图 9-24 "完成视频导入"对话框

⑦ 单击"完成"按钮，可将"视频片头.flv"文件添加到舞台上。

⑧ 新建"遮罩"图层，选择矩形工具，设置矩形属性为"圆角"，圆角半径为"28"，绘制如图9-25所示矩形。

⑨ 将"遮罩"图层转换为遮罩层，如图 9-26 所示。

⑩ 新建"声音"图层，导入"sound_001.wav"声音文件，设置文件属性如图 9-27 所示。

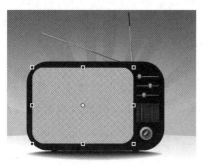

图 9-25　矩形图形　　　　　　　图 9-26　遮罩图层　　　　　　　图 9-27　声音属性面板

⑪ 执行"控制"→"测试影片"命令（或者【CTRL+ENTER】），测试影片。

 相关知识

1. Flash CS5 的视频素材

Flash 视频具备创造性的技术优势，允许将视频、数据、图形、声音和交互式控制融为一体，从而创造出引人入胜的丰富效果。目前视频文件大多数采用了最新的编码技术，如果系统中安装了 QuickTime 7 和 DirectX 9.0 或更高版本，Flash CS5 可以导入多种文件格式的视频剪辑，包括 MOV、AVI 和 MPG/MPEG 等格式。

在 Flash CS5 中，可以导入的视频文件格式主要有以下方面。

① AVI（Audio Video Interleaved）：AVI 是 Microsoft 公司开发的一种数字音频与视频文件格式。

② DV（Digital video format）：DV 是由索尼、松下、JVC 等多家厂商联合提出的一种家用数字视频格式，目前非常流行的数码摄像机就是使用这种格式记录视频数据的。

③ MPG 和 MPEG（Motion Picture Experts Group）：MPG 和 MPEG 是由动态图像专家推出的压缩音频和视频格式，包括 MPEG-1、MPEG-2 和 MPEG-4。MPEG 是图像压缩算法的国际标准，现已几乎被所有的电脑操作系统平台共同支持。

④ QuickTime（MOV）：QuickTime（MOV）是 Apple 公司开发的一种视频格式。

⑤ ASF（Advanced Streaming Format）：ASF 是 Microsoft 公司开发的，可以直接在网上观看视频节目的文件压缩格式。

⑥ WMV（Windows Media video）：是 Microsoft 公司开发的一种采用独立编码方式并且可以直接在网上实时观看视频节目的文件压缩格式。

2. 导入视频素材

Flash 提供了完善的视频导入向导，在导入视频时可以使用两种方法：一种是将视频剪辑作为嵌入文件导入，嵌入的视频文件成为 Flash 文档的一部分；另一种是把视频剪辑放在 Flash 文档的外部，当播放 SWF 时再动态加载，包括使用渐进式下载、数据流传输和链接 QuickTime 格式的视频剪辑。

（1）嵌入视频剪辑

在 Flash CS5 中，可以用嵌入视频文件的方式导入视频剪辑。嵌入视频剪辑将成为动画的一部分，就像导入的位图或矢量图一样，最后发布为 Flash 动画形式（.swf）或者 QuickTime（.mov）电影。采用嵌入视频的形式，可以导入 Flash CS5 支持的任何格式的视频文件。

（2）链接视频剪辑

如果导入的是 QuickTime 视频剪辑，可以选择嵌入或链接两种方式。以链接方式导入的 QuickTime 视频并不成为 Flash CS5 文件的一部分，而是在 Flash CS5 中保存一个指向 QuickTime 电影的链接。以链接方式导入 QuickTime 视频就只能发布为 QuickTime 电影（.mov），不能发布为 Flash 动画（.swf），因此也就不能以 SWF 格式显示链接的 QuickTime 视频。对于在 Flash CS5 中链接的 QuickTime 视频，可以执行缩放、旋转和动画，但不能对 QuickTime 视频的内容创建内插动画。

（3）渐进式下载视频

渐进式下载可以将外部 FLV 文件加载到 SWF 文件中，并在运行时回放。视频内容独立于其他 Flash 内容和视频回放控件，因此更新视频内容相对容易，可以不必重新发布 SWF 文件。渐进式下载视频在播放时，可以边下载边播放，因此适合导入较长的视频文件

任务4　制作视频播放器播放影片

任务描述

本案例利用媒体回放组件制作视频播放器。

任务目标与分析

本任务制作的是一个视频播放器。背景是一个静态的图片和相框，导入视频文件，选择回放组件加载视频文件。

操作步骤

① 新建一个 Flash 文档。

② 新建图层1，导入背景图片"街头"，调整大小。

③ 新建图层2，导入图片"相框"，调整大小，如图9-28所示。

图9-28　背景图片

④ 执行"文件"→"导入"→"导入视频",打开"选择视频"对话框。单击"浏览"按钮,打开"打开"对话框,在其中选择要导入的"熊.flv"文件,如图 9-29 所示。然后单击"打开"按钮。

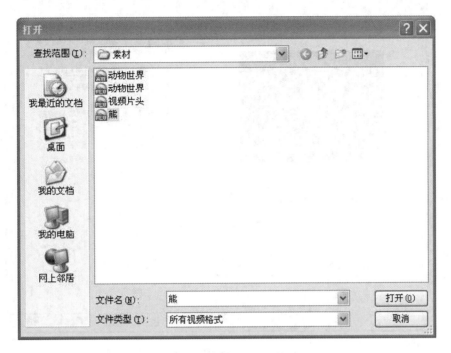

图 9-29 "打开"对话框

⑤ 返回"选择视频"对话框,选择"使用回放组件加载外部视频"选项,如图 9-30 所示。

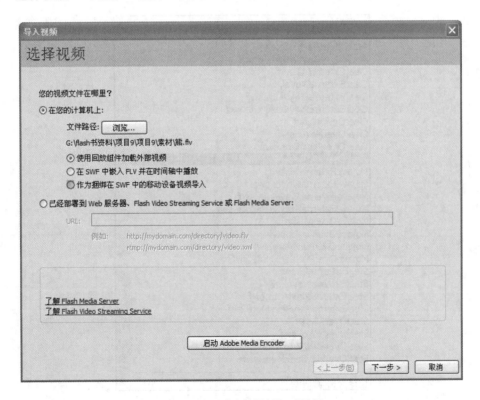

图 9-30 "选择视频"对话框

⑥ 单击"下一步",打开"外观"对话框,如图 9-31 所示。

图 9 - 31 "外观"对话框

⑦ 打开"外观"下拉列表，从中选择视频的外观样式，如图 9 - 32 所示。

图 9 - 32 "外观"下拉列表

⑧ 单击"下一步"按钮，即可进入导入视频的"完成视频导入"对话框，如图 9 - 33 所示。

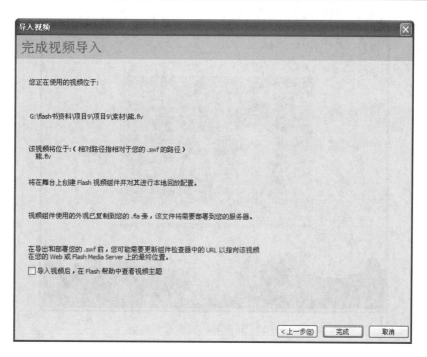

图 9-33　"完成视频对话框"

⑨ 单击"完成"按钮打开导入视频的进度条，如图 9-34 所示。

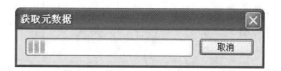

图 9-34　进度条

⑩ 稍后即可将视频对象添加到舞台上，调整合适大小，如图 9-35 所示。

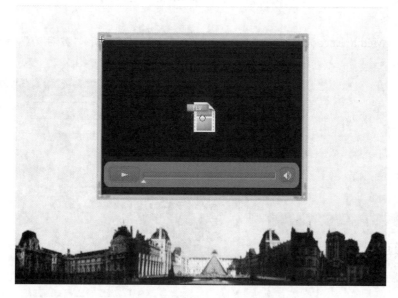

图 9-35　将视频导入到舞台中

⑪ 执行"控制"→"测试影片"命令，在 Flash 播放器中播放导入的视频对象，如图 9-36 所示。

图 9-36　预览导入视频后的效果

 相关知识

1. Adobe Media Encoder 编码器

Adobe Media Encoder 可以将多种格式的视频剪辑，如可将 MOV、AVI、和 MPG/MPEG 等格式的视频文件转换成 Flash CS5 支持的格式，如的 FLV 和 F4V 格式。

2. 操作步骤

① 执行"文件"→"导入"→"导入视频"，打开"选择视频"对话框。

② 单击"浏览"按钮，打开"打开"对话框，在其中选择要导入的"动物世界.avi"文件，然后单击"打开"按钮。

③ 弹出提示框，如图 9-37 所示，提示启动 Adobe Media Encoder 转换文件格式。单击"确定"按钮返回"选择视频"对话框。

④ 单击"Adobe Media Encoder"按钮 ，打开"另存为"对话框，如图 9-38 所示。

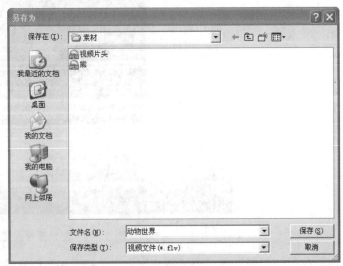

图 9-37　警告提示框　　　　　　　　图 9-38　"另存为"对话框

⑤ 在"另存为"对话框中单击"取消"按钮，出现如图 9-39 提示框。

⑥ 单击"确定"按钮启动 Adobe Media Encoder，并将导入的视频文件添加到编辑码列表中，如图 9-40 所示。

⑦ 单击图 9-41 所示位置，打开图 9-42 所示的"导出设置"对话框，对视频文件进行更详细的设置。

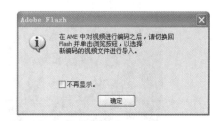

图 9-39　提示框

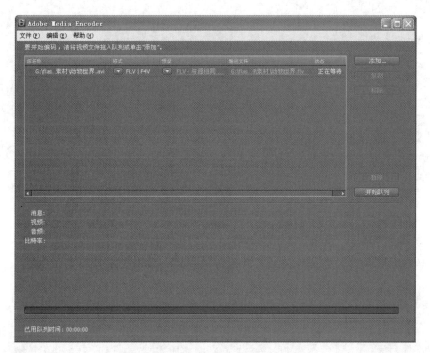

图 9-40　启动 Adobe Media Encoder

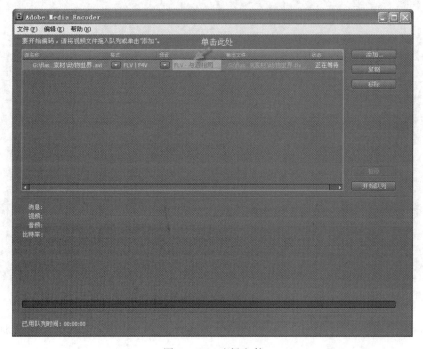

图 9-41　选择文件

图9-42　"导出设置"对话框

⑧ 设置完成后单击"确定"按钮。

⑨ 单击"开始队列"按钮，开始对视频文件进行编码，如图9-43所示。

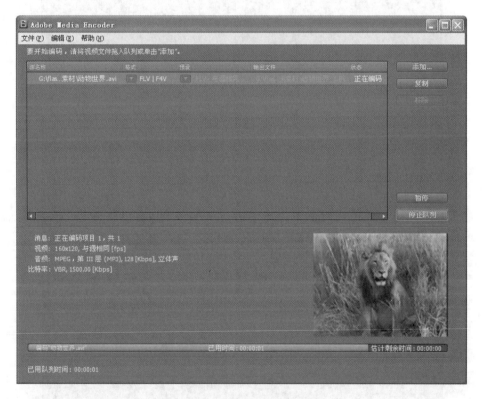

图9-43　对视频文件进行编码

⑩ 完成编码后，关闭Adobe Media Encoder，返回如图9-44所示的"打开"对话框，选择完成编码后的视频文件。

图 9-44 "打开"对话框

⑪ 单击"打开"按钮返回"选择视频"对话框，如图 9-45 所示。

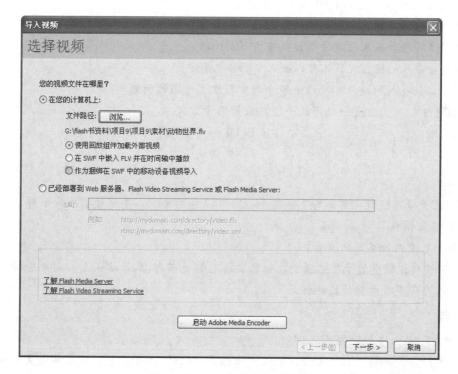

图 9-45 "选择视频"对话框

总结与回顾

本章介绍了声音与视频的有关知识，包括声音简介、导入声音、添加与编辑声音、视频简介以及导入视频。希望学生熟练掌握，在动画中随心所欲地添加声音与视频，从而制作出非常优秀的 Flash 作品。

项目相关习题

一、选择题

1. 将声音加入按钮元件的操作方法是( )。
   A. 先把声音放入库中，再分别进入按钮元件编辑状态，分别将音乐拖入各帧中
   B. 直接将声音拖入按钮所在影片编辑层
   C. 直接将声音拖入到按钮所在帧
   D. 以上都不正确

2. 在 Flash 中，下面不是 Sorenson Spark 编码解码器的作用的是( )。
   A. 允许用户在 Flash 中添加视频内容
   B. 可以降低带宽需求传送视频，但是视频质量会变差
   C. 使 Flash 的视频处理功能出现了质的飞跃，可以为运动较少的内容制作高质量的视频
   D. 可以为运动较少的内容制作高质量的视频

3. Flash 发布影片后，默认的声音是以( )格式输出。
   A. MP3   B. WAV
   C. MID   D. AVI

4. 在 Flash 中，下面关于导入视频说法错误的是( )。
   A. 在导入视频片段时，用户可以将它嵌入 Flash 电影中
   B. 用户可以将包含嵌入视频的电影发布为 Flash 动画
   C. 一些支持导入的视频文件不可以嵌入 Flash 电影中
   D. 用户可以让嵌入的视频片段的帧频率同步匹配主电影的帧频率

5. 在声音设置中( )就是一边下载一边播放的同步方式。
   A. 流式声音   B. 事件声音
   C. 开始   D. 数据流声音

二、填空题

1. _____式声音在播放之前必需下载完全，它可以持续播放，直到被明确命令停止。

2. 标准的音频采样率是_____。

3. 在 Flash 中，有两种类型的声音：_____和_____。

4. 在 MP3 压缩对话框中的音质选项中，如果要将电影发布到 Web 站点上，则应选_____项。

5. Flash 导入外部声音素材的快捷键是_____。

三、操作题

1. 为"放鞭炮"动画添加鞭炮声。

操作提示：打开"放鞭炮.fla"文件，导入"鞭炮声.wav"声音文件，设置声音文件属性。

2. 制作液晶显示器。

操作提示：导入背景图片"显示器.jpg"；再导入视频文件"IceClimbing.avi"文件，将"IceClimbing.avi"转换为"IceClimbing.flv"文件；选择"在 SWF 中嵌入 FLV 并在时间轴中播放"，"控制"→"测试影片"预览影片效果。

项目 10　Flash CS5 的综合运用实例

Flash 的综合运用是对前面所学知识的综合训练，以达到巩固和提高所学知识并将其运用于实践的能力。Flash 综合运用更强调动画设计的构思、色彩的搭配、音乐的融合等。在学习过程中需要不断练习并将知识结合实践才能制作出好的作品。

 ## 项目目标

- 了解脚本的运用。
- 了解图像绘制工具的使用。
- 理解库文件的运用。
- 掌握按钮元件的运用。
- 掌握影片剪辑元件的使用。
- 掌握应用 Media 媒体组件制作实例。
- 熟练掌握应用 Media 媒体组件制作实例。

任务 1　欢乐天地

若希望自己制作的动画只给有权限的观赏者看，就要给动画加密。加密经常是通过 Flash 的输入文本功能实现的。当制作综合或复杂的动画时，往往还需要在动画影片之间进行互相调用，本例就是介绍这方面的应用。

任务描述

运行完成的 Flash 动画文件，在登录界面要求输入密码才能进入动画主菜单界面，登录界面效果如图 10 - 1 所示。输入密码进入动画主菜单后，展现的是一个按钮菜单，如图 10 - 2 所示。可通过单击选项，调用相应动画。

图 10 - 1　实例登录界面效果

图 10-2　动画主菜单界面效果

任务目标与分析

本动画的第一个登录界面是由运动补间动画、形状补间动画和逐帧动画制作的,并用输入文本的密码模式制作登录框,通过登录按钮调用;主菜单动画是通过按钮用影片实现的。

操作步骤

1. 登门界面动画制作

① 打开 Flash CS5,新建一个 Flash 文档,设置影片大小为"500×300"像素,背景颜色为"白色"帧频为"12"。

② 导入事先准备的"背景"图片到舞台,并调整其大小和舞台一样,如图 10-3 所示。

图 10-3　页面背景

③ 将背景图片层命名为"背景"。再新建一个图层并命名为"文字动画",然后制作"星星"元件,如图 10-4 所示。

172

图 10 - 4 页面背景

④ 将"星星"元件拖放到"文字动画"层的第 1 帧，做第 1 帧至第 30 帧的传统补间动画。效果为"星星"实例从小到大，从透明到不透明（Alpha 为 20%～100%），从舞台外运动到舞台中央，如图 10 - 5所示。

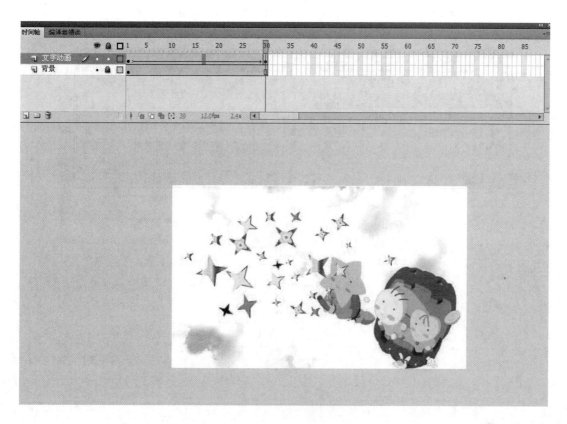

图 10 - 5 制作星星传统补间动画效果

⑤ 在"文字动画层"第 31 帧插入关键帧，将该帧中的"星星"实例分离为像素，然后在该层第 60 帧插入空白关键帧，输入"欢乐天地"，并将其分离为像素，用七彩色填充。做第 31 帧至第 60 帧的补间形状动画，效果如图 10 - 6 所示。

⑥ 导入小鸟系列图片，创建"小鸟"影片剪辑元件，在时间轴上插入多个关键帧，分别将小鸟各个形态拖到舞台，分离图片，删除图片背景，制作小鸟翅膀摆动的逐帧动画，如图 10 - 7 所示。

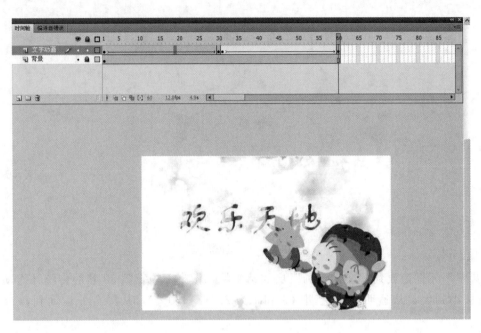

图 10-6　制作标题文字形状补间动画效果

图 10-7　小鸟摆翅影片剪辑元件

⑦ 回到场景，新建"小鸟"图层，用"小鸟"影片剪辑元件制作 1 帧至第 30 帧小鸟传统补间动画。效果为"小鸟"影片剪辑实例从小到大，从半透明到不透明（Alpha 为 30％～100％），从舞台运动到舞

台中央，如图 10 - 8 所示。

图 10 - 8　小鸟补间动画效果

⑧ 新建图层并命名为"登录框"。在第 60 帧插入关键帧，然后在舞台上输入静态文本"请输入登录密码："；选择"文本工具"，在"属性"面板的"T"项中选择"输入文本"，在"行为"选项中选择"密码"，在"变量"文本框中输入变量名，如"pas"，如图 10 - 9 所示。

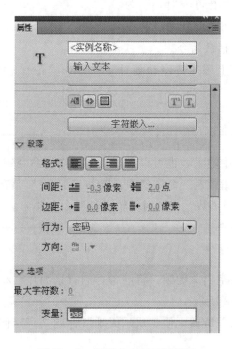

图 10 - 9　密码文本框属性设置

⑨ 在舞台上绘制一个文本框，再制作一个"登录"按钮，并放置到舞台上，效果如图 10 - 10 所示。

图 10 - 10　制作登录界面

⑩ 用鼠标选择"登录"按钮，按 F9 键打开"动作"面板，输入通过输入文本框中的密码登录进入动画的命令代码，如图 10 - 11 所示。

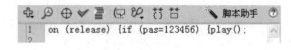

图 10 - 11　按钮命令代码

其中"if（）｛｝"为条件判断语句；"pas"为文本框变量名；"123456"为任意输入的登录进入主动画的密码；"play（）"为时间轴播放命令。

⑪ 在"登录框"层的第 60 帧上添加暂停动画时间轴命令"stop（）"，至此完成动画登录界面制作，效果如图 10 - 1 所示。

小知识

　　命令可以直接在动作面板中输入，也可以在面板左窗格的命令集中选择，其中"on（　）｛｝"是在"全局函数"→"影片剪辑控制"命令集中，"if（　）｛｝"是在"语句"→"条件/循环"命令集中，"play（）"是在"全局函数"→"时间轴函数"命令集中。

2. 主菜单动画制作

① 在"背景"层第 61 帧插入空白关键帧，将准备好的背景图片"zhubeijing.jpg"导入舞台，并将其调整与舞台大小相同，如图 10 - 12 所示。

② 在"文字层"第 61 帧插入关键帧，使"欢乐天地"标题文字延伸到该帧，并根据背景层适当调整文字的位置。

③ 新建图层，并命名为"主菜单文字"，在该层第 61 帧插入关键帧。根据图片背景，在适当位置输

入文字"游乐园""影视屋"和"科技城",将文字分离为像素,并分别用不同颜色描边,效果如图10-13
所示。

图 10-12 插入主菜单背景图片

图 10-13 制作菜单文字

④ 新建一个"响应"按钮,为使按钮在正常状态不显示按钮的色彩和形状,只在"点击"帧插入关
键帧,并绘制一个响应范围,如图 10-14 所示。

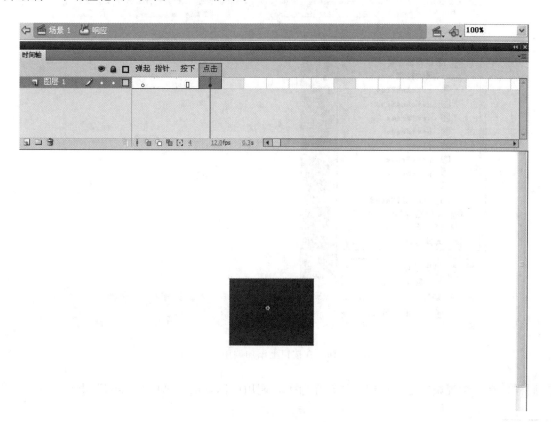

图 10-14 制作响应按钮

⑤ 新建图层并命名为"按钮"层,根据背景把他们放到适当位置并调整形状和大小,如 10-15
所示。

⑥ 用鼠标选择"游乐园"上的按钮,按F9键打开"动作"面板,添加动作命令,当单击该按钮时,
调用已制好的"大风车.swf"影片,如图 10-16 所示。

其中"on(release)﹛ ﹜"表示单击并释放鼠标事件命令,"lodMovie()"表示影片调用命令。

图 10-15　制作按钮实例

图 10-16　在按钮上添加调用影片命令

⑦ 同样，在"影视城"上的按钮添加动作命令，调用已制好的"画中画.swf"影片。

【试一试】 ┄┄┄┄┄┄┄┄┄┄┄┄┄┄┄┄┄┄┄┄┄┄┄┄┄┄┄┄┄┄┄┄┄┄┄┄┄┄┄
　　在本任务动画的基础上，在主菜单界面中再添加一个"动物世界"和一个"运动场"链接。

⑧ 在"按钮"层的第 61 帧上添加暂停动画时间轴命令"stop（）"，至此，完成动画制作。按
【Ctrl＋Enter】组合测试，即打开如图 10-1 所示登录窗口，输入密码"123456"即进入如图 10-2 所示
的主菜单，分别单击响应的菜单即可调用相应的动画。

任务 2　制作奇妙音乐播放器

Flash 中内嵌了很多标准的组件：用户界面、媒体、视频等。用户既可以单独使用这些组件，在 Flash 影片中创建简单的用户交互功能，也可以通过组合使用这些组件为 Web 表单或应用程序创建一个完整的用户界面。

Media 媒体组件包括 MediaController（媒体控制）、MediaDisplay（媒体播放）、MediaPlayback（媒体回放）等内容。尤其是 MediaPlayback（媒体回放）这个组件是前两个组件的完美结合，并且提供了对媒体内容进行流式处理的方法。

任务描述

在本例中利用 MediaPlayback 媒体回放组件制作音乐播放器，效果如图 10-17 所示。

任务目标与分析

利用 MediaPlayback 媒体回放组件制作音乐播放器，制作关键是如何设置组件参数，并通过"组件检查器"如何完成的方法。定位本地或直接指向 Web 在线 MP3 音乐。

图 10-17　实例效果

操作步骤

① 打开 Flash CS5，选择"文件"→"新建"命令，在弹出的"新建文档"对话框的"常规"选项卡中选择"Flash 文件（ActionScript 2.0）"选项，单击"确定"按钮，如图 10-18 所示。

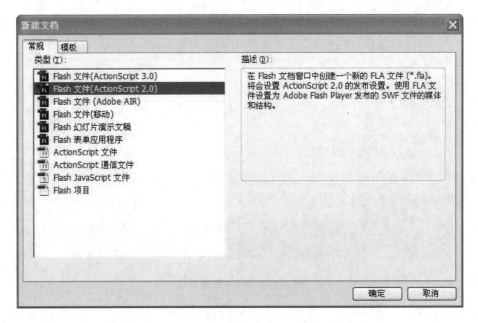

图 10-18　新建常规文档

② 选择"窗口"→"组件"命令或直接按【Ctrl+F7】组合键，打开"组件"面板，从中选择 Media 分类，找到 MediaPlayback 回放组件，如图 10-19 所示。

③ 将 MediaPlayback 组件拖放到舞台上，选择"修改"→"文档"命令，将文档大小设置为"300× 200"像素。选中舞台中的组件，按【Ctrl+K】组合键，打开"对齐"面板，将组件相对于舞台中心对齐，如图 10-20 和图 10-21 所示。

图 10-19　MediaPlayback 组件

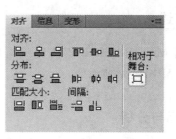

图 10-20　"对齐"面板

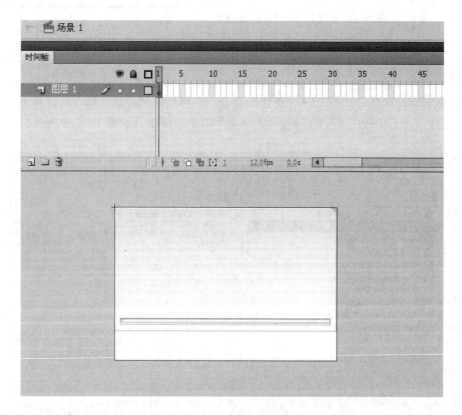

图 10-21　对齐排列效果

④ 选中舞台中的组件，在"窗口"菜单中选中"组件检查器"，在打开的"组件检查器"面板中单击"参数"选项卡，在组件检查器中对参数进行设置，如图 10-22 所示。

⑤ 在组件检查器的"参数"选项卡中选择媒体类型为 MP3，如图 10-23 所示。

⑥ 在 URL 文本框中输入要播放音乐的路径，在这里输入"你若成风.mp3"（视当前文件在用户计算机中的位置，路径一定要变化），勾选 Automatically Play 复选框，可以在 Control Visibility 区中设置控制面板的属性，其中 Auto 代表自动，即动画载入是隐藏，光标放在相应位置是显示，如图 10-24 所示。

图 10-22　启动组件检查器

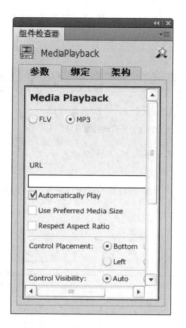

图 10-23　MP3 参数选择

图 10-24　指定播放音乐

小知识

在这里可以直接输入 URL 指定路径，比如在中国教育原创网中输入指定路径：http//www.edue.org.cn//mp3/iloveyou.mp3，如图 10-25 所示。

⑦ 选择"文件"→"保存"命令将其保存。按下【Ctrl+Enter】组合键测试动画，打开发布的 .swf 文件观看影片的效果，动画载入以后音乐开始播放，进度条显示当前音乐播放进度，并且可以通过拖动进度条来控制音乐，还可以在控制面板中控制音乐的播放、停止和音量，如图 10-17 所示。

任务 3　制作情人节贺卡

任务描述

使用 Flash 制作精美的贺卡是近年来的流行时尚，其"随心所欲"的创作思路让用户格外青睐。Flash 贺卡是体现感情交流的最佳表现形式之一。

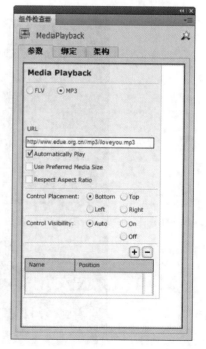

图 10-25　指定路径播放音乐

任务目标与分析

使用 Flash 制作贺卡首先需要根据所要表达的思想，确定贺卡的构思。在本任务中制作的是情人节贺卡，绘制了月亮、心，充满了节日的气氛。

操作步骤

① 新建一文档，设置文档属性为 500×400 像素，帧频为 12 帧/秒，背景为深蓝色，如图 10－26 所示。

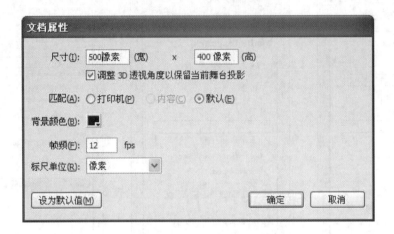

图 10－26　新建文档

② 执行"文件"→"导入"→"导入到舞台"命令，将"夜色背景"图片导入舞台中，如图 10－27 所示。

图 10－27　舞台背景图片

③ 执行"修改"→"转换为元件",将其转换为名称为"背景"图形元件,如图 10-28 所示。在第 310 帧位置插入帧。

④ 新建图层 2,执行"文件"→"导入"→"打开外部库",选择"贺卡"文件,单击"确定"按钮,如图 10-29 所示。

图 10-28　转换为元件对话框　　　　　　　　　　图 10-29　打开外部库文件

⑤ 将"星星闪动"从库拖入舞台中,调整到合适位置,如图 10-30 所示。

图 10-30　"星星闪动"拖入舞台效果

⑥ 新建图形元件，命名为"月亮"。单击工具箱中的椭圆工具，设置填充色为"蓝色"，在舞台上绘制椭圆；设置填充色为"灰色"，再绘制一个椭圆，如图 10-31 所示。

⑦ 选中灰色椭圆图形，执行"编辑"→"清除"命令，将其删除，得到月牙儿图形，如图 10-32 所示。

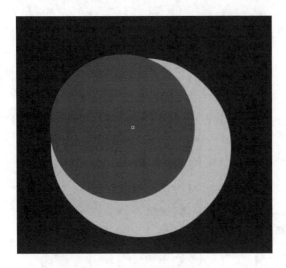
图 10-31 绘制椭圆效果

图 10-32 绘制月牙儿图形效果

⑧ 单击工具箱中的"画笔"工具，设置颜色为"浅蓝色"，在月亮上绘制图形，用 ▶ 工具调整，效果如图 10-33 所示。

⑨ 新建图层 2，执行"文件"→"导入"→"导入到舞台"命令，将"月亮光晕"图片导入舞台上。执行"修改"→"转换为元件"将其转换为元件，如图 10-34 所示。

图 10-33 画笔工具绘制效果

图 10-34 导入月亮光晕效果

⑩ 返回主场景，新建图层。打开库面板，将月亮元件拖入舞台中，调整到合适位置。在 170 帧、195 帧位置插入关键帧，设置 195 帧上的元件 Alpha 值为 0%，创建 170 帧到 195 帧的传统补间动画，如图 10-35 所示。

⑪ 新建图层 4，将"月亮光晕"从库中拖入舞台，将其转换为图形元件。在第 25 帧、50 帧、75 帧、100 帧、125 帧、150 帧、175 帧、195 帧插入关键帧，将第 1 帧、50 帧、100 帧、150 帧、195 帧元件的 Alpha 值设为 0%，做第 1 帧到 195 帧传统补间动画，如图 10-36 所示。

图 10-35 补间动画效果

图 10-36 月亮光晕动画效果

⑫ 新建图层 5，将"云 1"导入舞台，将其转换为图形元件，将图片放置在左下角；在第 90 帧插入关键帧，把图片拖到右下角，做第 1 帧到第 90 帧的传统补间动画，效果如图 10 - 37 所示。

图 10 - 37 "云 1"动画效果

⑬ 新建图层 6，在第 20 帧插入关键帧。导入"云 2"图片，在第 150 帧插入关键帧。制作"云 2"由右至左的传统补间动画，效果如图 10 - 38 所示。

图 10 - 38 "云 2"动画效果

⑭ 新建图形元件，命名为"心形"。利用提供的素材"心光晕"图片和绘图工具，绘制"心形"图形，效果如图 10-39 所示。

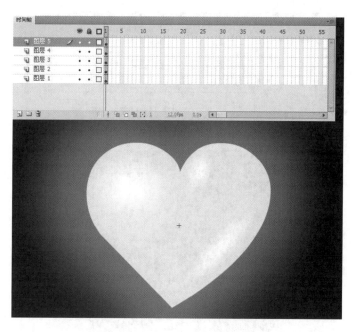

图 10-39 绘制"心形"图形

⑮ 新建图形元件，命名为"心形动画"。将"心形"图片拖入舞台，在第 49 帧插入帧。

⑯ 新建图层 2，将"心光晕"图片拖入舞台，在第 23 帧、49 帧插入关键帧，在第 23 帧，利用"任意变形工具"将图形放大。制作第 1 帧到第 49 帧的传统补间动画，效果如图 10-40 所示。

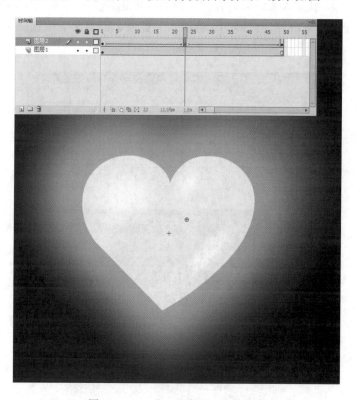

图 10-40 "心形动画"动画效果

⑰ 返回主场景，新建图层7。在第185帧插入关键帧，从库中将"心形动画"拖到舞台，改变元件的Alpha值为0。在第210帧插入关键帧。创建第185帧到第210帧传统补间动画，效果如图10-41所示。

图10-41 透明度变化动画效果

⑱ 新建图层8，在第170帧插入关键帧。从"贺卡"库文件中，将"闪闪的光"影片剪辑元件拖入舞台。

⑲ 新建图层9，在第45帧插入关键帧。在"工具箱"中选择文本工具，字体颜色为白色，在舞台上输入"你问我爱你有多深"文本内容。在第170帧插入关键帧，创建文字位置变化的传统补间动画，效果如图10-42所示。

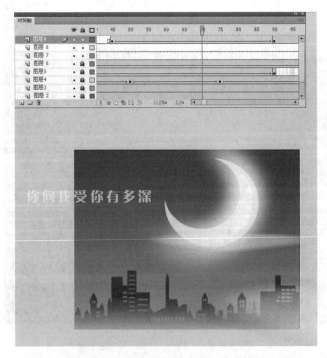

图10-42 文字"位置改变"动画效果

⑳ 在第 140 帧、第 170 帧插入关键帧，选中第 170 帧，将图片向上移动，Alpha 值改成 0％。创建第 140 帧到 170 帧的传统补间动画，效果如图 10-43 所示。

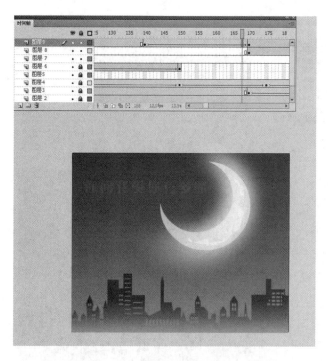

图 10-43　Alpha 变化的动画效果

㉑ 新建图层 10，在第 190 帧插入关键帧。输入文本"月亮代表我的心"，将其转换为元件，设置 Alpha 值为 0％。在第 235 帧插入关键帧，将该帧的实例向上移动。创建第 170 到 235 帧的传统补间动画，效果如图 10-44 所示。

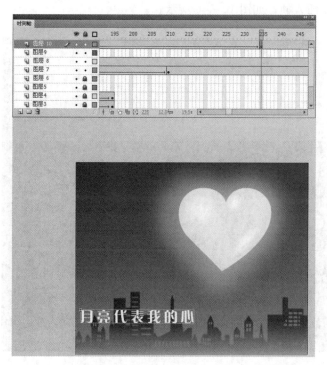

图 10-44　所示文字"位置透明度改变"动画效果

㉒ 在第 285 帧、第 310 帧插入关键帧，选中第 310 帧的实例，向上移动，Alpha 值为 0%。创建第 285 帧到第 310 帧的动画，效果如图 10 - 45 所示。

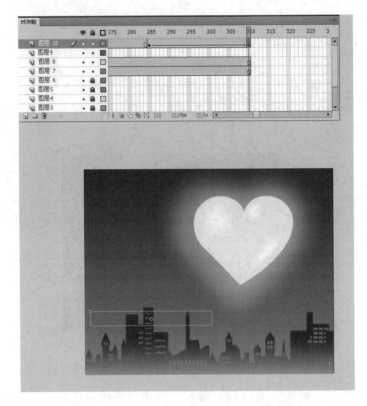

图 10 - 45　文字"位置透明度改变"动画效果

㉓ 新建按钮元件，命名为"重新开始"。在"弹起"帧插入关键帧，输入"replay"将其转换为图形元件。在"点击"帧按 F5 插入帧，如图 10 - 46 所示。

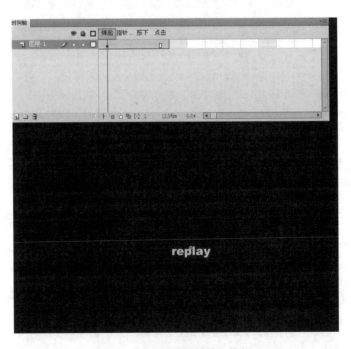

图 10 - 46　"重新播放"按钮

㉔ 新建图层 11，在第 270 帧插入关键帧。将"重新播放"按钮拖到舞台右下角。选中按钮实例，按 F9，打开动作面板，输入语句，如图 10 - 47 所示。

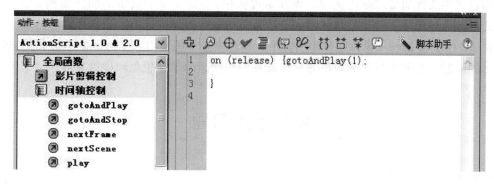

图 10 - 47　动作面板

㉕ 新建图层 12，导入"夜色背景音乐.mp3"。打开声音属性面板，设置同步为"数据流""循环"播放，效果如图 10 - 48 所示。

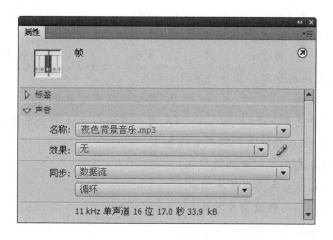

图 10 - 48　声音属性面板

㉖ 新建图层 13，在第 310 帧插入关键帧，按 F9 打开动作面板，输入帧动作"stop ()"。
㉗ 按【Ctrl＋Enter】测试影片。

 ## 相关知识

目前网络上的很多精美贺卡，在制作上也各有自己的特点，制作时应注意以下几点：

① 注意情节不要太复杂，能让对方在很短的时间内就看到贺卡的全部内容，并且能第一时间抓住对方的心。

② 在制作的时候要制作贺卡的中心，明确是什么性质的贺卡。

③ 制作贺卡的尺寸不宜太大，最好和见到的贺卡差不多。

④ 在制作贺卡的时候注意颜色的搭配，气氛的烘托，达到贺卡表达意义的效果。

拓展训练

1. 制作一个自定义 URL 路径 MP3 歌曲媒体播放器。

2. 制作一张有声有色的电子贺卡送给你的亲人或朋友，向他们展示一下你的学习成果。

总结与回顾

本项目通过文本文件加密与影片调用、媒体组件实例、Flash 电子贺卡的制作实例，介绍 Flash CS5 的综合运用之妙。通过任务 1 的学习，学习者应学会文本加密的使用技巧以及影片之间的调用。通过任务 2 的学习，学习者应了解 Media 媒体组件使用方法。通过任务 3 的学习，学习者应学会如何做好颜色的搭配和矢量图形的绘制以及电子贺卡的制作方法，以及创作动画的丰富想象和构思意境。

项目相关习题

一、选择题

1. 对于在网络上播放的动画，最合适的帧频是（　　　）。

　　A. 24fps　　　　　　　B. 12fps　　　　　　　C. 25fps　　　　　　　D. 16fps

2. 在 IE 浏览器中，是通过（　　　）技术来播放 Flash 电影（swf 格式）的文件。

　　A. D11　　　　　　　　B. Com　　　　　　　C. Ole　　　　　　　D. Activex

3. 编辑位图图像时，修改的是（　　　）。

　　A. 像素　　　　　　　B. 曲线　　　　　　　C. 直线　　　　　　　D. 网格

4. 以下各种关于图形元件的叙述，正确的是（　　　）。

　　A. 图形元件可重复使用　　　　　　　　B. 图形元件不可重复使用

　　C. 可以在图形元件中使用声音　　　　　D. 可以在图形元件中使用交互式控件

5. 以下关于使用元件的优点的叙述，不正确的是（　　　）。

　　A. 使用元件可以使电影的编辑更加简单化

　　B. 使用元件可以使文件的大小显著地缩减

　　C. 使用元件可以使电影的播放速度加快

　　D. 使用电影可以使动画更加漂亮

二、简答题

1. 什么是动画？动画的类型有哪些？

2. 请说明套索工具的魔术棒设置对话框中阈值的含义及取值范围。

项目 11 综合实训——MTV 制作

Flash MTV 是目前网上非常流行的一种 Flash 音乐媒体。音乐使动画声情并茂，动画又赋予音乐很强的视觉冲击力，两者相辅相成，能够达到更好的视觉和听觉效果。本项目就通过《浪花一朵朵》MTV制作，介绍 Flash MTV 的制作方法和技巧。

 项目目标

- 了解 MTV 的创意与构思。
- 了解设计 MTV 人物形象。
- 理解动画的分镜与处理。
- 理解素材的收集与准备。
- 掌握歌词的处理。
- 熟练掌握动画的制作。

任务 1 制作《浪花一朵朵》Flash MTV

任务描述

制作 Flash MTV，必须有两个基本要素，即音乐和画面，在表现形式上，可以采用以音乐为主，画面做陪衬的形式，也可以采用以画面情节为主，音乐做陪衬的形式来构思创意。在制作之前，应该先明确制作的表现形式，并根据内容来构思画面。

任务目标与分析

本例制作的《浪花一朵朵》Flash MTV，以音乐为主。在选好歌曲之后，最先要做的是创意。动画中的人物、场景在制作之前都应该定下来。有了初步的创意之后，再开始准备 MTV 中所需的素材，如声音、图片等。声音素材最好下载 MP3 格式的音乐，这种格式的音乐文件比较小，且能提供较好的音效。图片素材尽量使用矢量图。在动画中还涉及一些对象需要自己绘制，这些都应该在素材准备阶段准备好，制作成元件。在做完准备工作之后就可以开始着手制作 Flash MTV 了。

操作步骤

1. 制作预载动画

① 启动 Flash CS5 程序，新建一个 Flash 文件（ActionScript 3.0），并单击"编辑"按钮。打开"文

档属性"对话框，设置"背景颜色"为蓝绿色（♯99CCCC），如图 11-1 所示。

② 进入文档编辑界面，选择"窗口"→"其他面板"→"场景"命令。

③ 打开"场景"面板，单击"添加场景"按钮，新建两个场景，分别重命名为"预载动画""歌曲""结束"，如图 11-2 所示。

图 11-1　文档属性

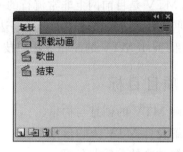

图 11-2　场景面板

小知识

　　如果想在多个场景直接切换，可以单击场景右上角的"编辑场景"按钮，从弹出的下拉列表中选择要进入的场景名称。

④ 关闭"场景"面板，选择"插入"→"新建元件"命令。

⑤ 打开"新建元件"对话框，在"名称"文本框中输入"预载"，在"类型"下拉列表中选择"影片剪辑"选项，如图 11-3 所示。单击"确定"按钮，进入影片剪辑界面。

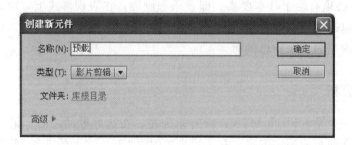

图 11-3　创建"预载"影片剪辑元件

⑥ 使用"矩形工具"设置"笔触颜色"为无，"填充颜色"为黄色，在舞台的下方绘制一个矩形条，如图 11-4 所示。

⑦ 在时间轴中右击第 80 帧，从弹出的快捷菜单中选择"插入帧"命令。再单击"新建图层"按钮，在"图层 1"的上方新建一个"图层 2"。

⑧ 单击"图层 1"的第 1 帧，选择"编辑"→"复制"命令，再选中"图层 2"图层的第 1 帧，选择"编辑"→"粘贴到当前位置"命令。

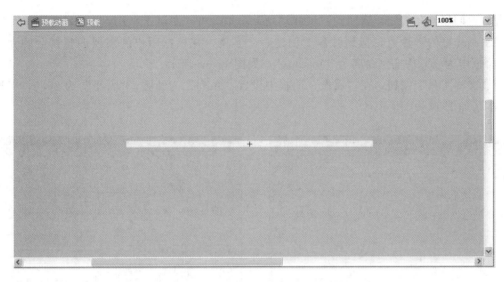

图 11-4　绘制"矩形条"效果图

⑨ 在时间轴上选中"图层 2"图层的第 1 帧。使用"颜料桶工具"将矩形条的颜色改为白色。选中第 80 帧，插入一个关键帧。

⑩ 选中"图层 2"图层的第 1 帧，使用工具箱中的"任意变形工具"将矩形条向左压缩。

小提示

为了看清楚压缩后的矩形效果，可以将"图层 1"隐藏后查看。

⑪ 选中"图层 2"的第 1 帧到第 80 帧，"创建补间形状"动画。按 Enter 键测试影片剪辑，即可查看效果，如图 11-5 所示。

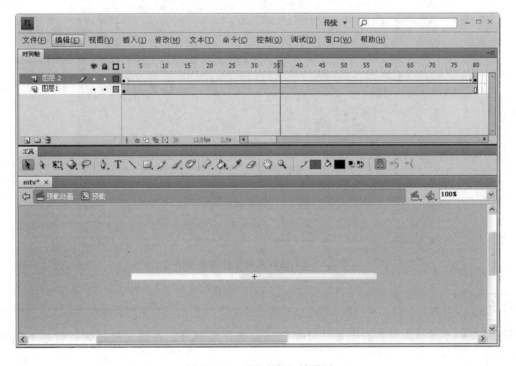

图 11-5　"进度条"效果图

⑫ 单击"返回场景"按钮，返回到"预载动画"场景。将"图层1"图层重命名为"背景"。

⑬ 把刚刚制作好的影片剪辑拖到舞台上创建一个实例，并根据用户的需要调整舞台的大小和位置。在"属性"面板中为该元件实例命名为"loading"，如图11-6所示。

⑭ 单击"文本工具"按钮，在"属性"面板中设置"系列"为幼圆，"大小"为20.0，"颜色"为白色，输入文本，如图11-7所示。

图11-6　属性面板

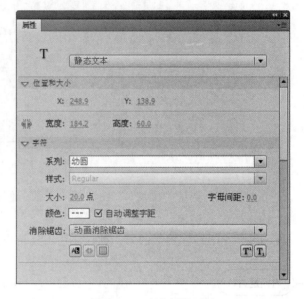
图11-7　文本属性面板

⑮ 导入素材文件"牵手3.jpg"，使画面看起来不那么单调，效果如图11-8所示。接下来选中"背景"图层的第15帧并插入帧。

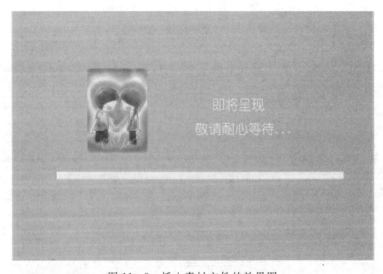
图11-8　插入素材文件的效果图

小知识

预载动画中不能插入过多的图片，只要起到美观作用即可，否则文件过大，就起不到预载动画的作用了。

⑯ 单击"添加图层"按钮，新建一个"动作"图层（动作图层的作用是放置 Flash MTV 动画的所有动作）。选中"动作"图层的第 2 帧，插入空白关键帧。在"属性"面板的"标签"选项卡下，在"名称"文本框中输入"循环"，插入帧标签，如图 11-9 所示。

⑰ 打开"动作"面板，输入脚本语句，如图 11-10 所示。选中"动作"图层第 15 帧，再输入脚本语句，如图 11-11 所示。

图 11-9 帧属性面板

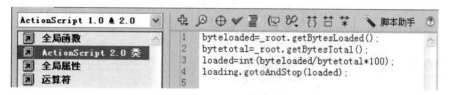

图 11-10 第 2 帧动作面板

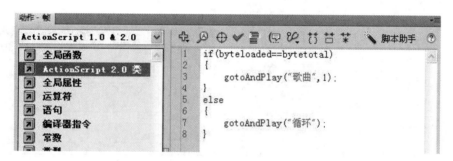

图 11-11 第 15 帧动作面板

⑱ 关闭"动作"面板，完成预载动画的制作。

⑲ 按【Ctrl+Enter】键即可测试预载动画的效果，如图 11-12 所示。

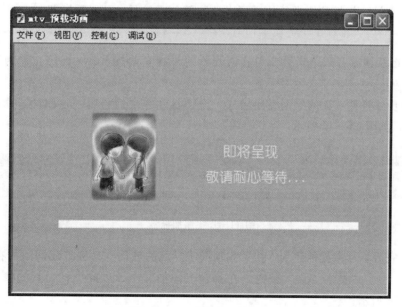

图 11-12 预载动画效果图

Flash CS5动画项目实训教程

2．添加歌词

① 打开"场景面板"，单击"歌曲"选项，进入"歌曲"编辑界面。

② 将"图层1"更名为"声音"，并将声音文件"浪花一朵朵.mp3"导入到"库"面板中。

③ 将声音文件拖到舞台中，在"属性"面板上，展开"声音"选项卡，在"同步"下拉列表中选择"数据流"选项，如图12-13所示。

④ 计算整首歌播完需要的帧数，例如这首歌的时间是3分36秒，"帧频"为12fps，那么，播完大概需要2600帧。因为这首歌有一半是重复的，所以在实例中只需要为歌曲的一半制作动画，即1245帧。

⑤ 选中"声音"图层的第1245帧，插入帧。

⑥ 添加一个新的图层，更名为"歌词"（存放MTV的歌词），选中该图层的第1帧。按Enter键开始播放，同时注意听歌曲，当听到第一句歌词开始的地方立刻按下Enter键停止播放。选中"歌词"图层，插入关键帧，在"属性"面板中为其添加标签，如图11-14所示。

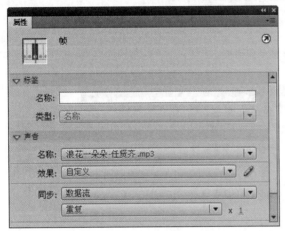
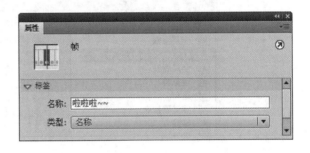

图12-13　声音属性面板　　　　　　图11-14　为帧添加标签

> **小提示**
>
> 标签内容为歌词，如果歌词太长的话可以选取部分，只要自己能看懂即可。

⑦ 按Enter键继续播放音乐，当第二句歌词开始的时候立刻按Enter键停止。为第二句的帧插入关键帧。

⑧ 重复上面的步骤将整首歌的歌词标注出来。全部标注完之后再听一遍歌曲，修改错误的地方，直到歌词与声音同步，如图11-15所示。

图11-15　添加标签

⑨ 当歌词标注完后，可根据标注为MTV添加同步显示的歌词（本例将歌词添加在舞台的下方）。选中第一句歌词的帧，单击"文本工具"按钮，在舞台上添加文本。以此类推，直到舞台上输入整首歌曲的歌词，如图11-16所示。

— 198 —

图 11-16　在舞台上添加歌词

3. MTV 动画的制作

① 在"歌词"和"声音"图层中间添加 4 个新图层，分别更名为"背景"（放置背景图片）、"动画"（放置元件）、"动作"（放置整个动画的所以脚本语句）、"按钮"（放置动画控制按钮），如图 11-17 所示。

小提示

在第一句歌词开始之前，有一段音乐前奏，可以制作一些介绍性的内容，比如歌名、演唱者等。

图 11-17　新建图层

② 在时间轴上选中"背景"图层的第 1 帧，将"背景 .jpg"导入舞台。在属性面板中设置"高度"和"宽度"分别为 550 和 336。打开"对齐"面板，单击相应的按钮，可以调整图片在舞台中的位置，如图 11-18 所示。

③ 选择"插入"→"新建元件"命令，打开"创建新元件"对话框，新建"花朵 1"影片剪辑元件，单击"确定"按钮。

④ 在元件编辑界面，使用"椭圆工具"绘制一个花瓣，并复制 3 个花瓣组成一个花的形状。然后选中所有花瓣，选择"修改"→"组合"命令，将花朵的所有部分组合，如图 11-19 所示。

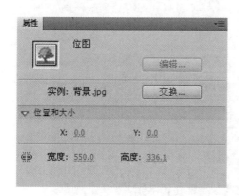

图 11-18　图片属性面板

图 11-19　将花瓣组合的效果图

⑤ 在时间轴上选中"动画"图层的第3帧，插入关键帧，使用"任意变形工具"旋转花朵。然后在第5帧、第7帧、第9帧和第11帧插入关键帧，使用"任意变形工具"将花旋转一定的角度。按Enter键测试，可以看到一朵花旋转的效果，如图11-20所示。

⑥ 创建"花朵2"影片剪辑元件。返回"花朵1"编辑界面，按Ctrl键同时选择"背景"图层上的第1帧到第11帧。右击选中的帧，从弹出的快捷菜单中选择"复制帧"命令，切换到"花朵2"元件编辑模式下，选中第1帧并右击，从弹出的快捷菜单中选择"粘贴帧"命令。再将这11帧全部选中，从弹出的快捷菜单中选择"翻转帧"命令，如图11-21所示。

图11-20 影片剪辑元件"花朵1"效果图

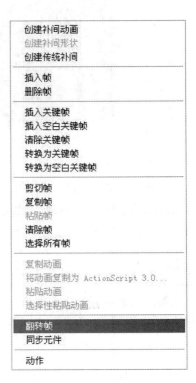

图11-21 "翻转帧"命令

⑦ 在"歌曲"场景中，选中"动画"图层的第1帧，将"花朵1"元件拖动到舞台上创建实例，调整其大小，如图11-22所示。

图11-22 将"花朵1"拖入舞台效果图

⑧ 选择"动画"图层的第 10 帧，使用"文本工具"在适当位置插入文字"浪"，采用同样的方法，将歌曲名称和演唱者的信息每隔 10 帧插入一个文本。

⑨ 在"动画"图层的第 120 帧插入一个关键帧，放入"花朵 2"影片剪辑元件，如图 11-23 所示。

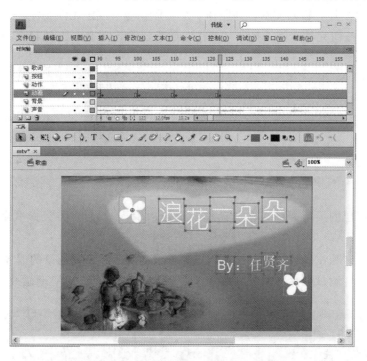

图 11-23　添加歌曲、作者名称效果图

⑩ 参照前面的方法，选择"按钮"图层的第 1 帧，创建"Pause"和"Continue"按钮元件，并在舞台上创建按钮元件实例，如图 11-24 所示。

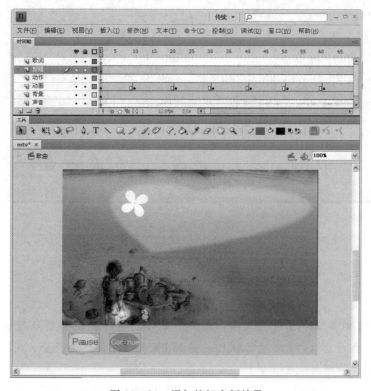

图 11-24　添加按钮实例效果

⑪ 选中"Pause"按钮,打开"动作"面板,输入脚本命令,再选中"Continue"按钮,输入命令,如图 11 - 25 所示。

⑫ 导入不同的图片并输入歌词文本。再切换到"结束"场景制作动画效果。参照前面的方法,在"结束"场景中导入素材图片,输入文本,并制作一个"Replay"按钮元件实例,这里就不再赘述。

⑬ 选中"Replay"按钮元件实例,打开"动作"面板,输入文本,如图 11 - 26 所示。

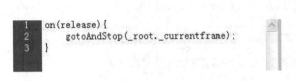

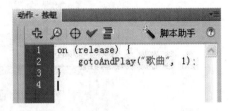

图 11 - 25　"Pause""Continue"按钮的脚本语句　　图 11 - 26　"Replay"按钮的脚本语句

⑭ 选中"动作"图层的最后一帧,在"动作"面板中输入"stop()"脚本命令,完成整个动画的制作。

⑮ 选择"控制"→"测试场景"命令,可以单独查看动画"结束"场景的播放效果。

⑯ 选中"控制"→"测试影片"命令,即可查看整个动画 Flash MTV 动画效果,如图 11 - 27 所示。

图 11 - 27　"浪花一朵朵"Flash MTV 效果图

 相关知识

1. MTV 的制作

MTV 的制作包含了对声音、图片、文字、动画的处理,有时候还需要处理视频,在制作 MTV 之前,要先收集好各种需要的素材,或者自己制作一些 MTV 影片中需要的声音、图片或动画素材。

(1) 关于音乐素材的使用与处理

① 可以使用一些音乐处理软件如 GoldWave、CoolEdit 等,把 MTV 中需要的声音素材制作(处理)

好，存为 WAV 格式或是 MP3 格式，以便导入到 Flash 中。

② 如果有现成的素材，如光盘上、网络上下载的，则可以直接使用，最好是 MP3 格式。

③ 导入声音素材后，最好在元件库中设置其压缩方案，如果是时间比较长的音乐，建议压缩为 MP3 的方式，可以使用 20Kbps～64Kbps 的传输率。

④ 为了使音乐与动画同步，建议将声音的播放方式设置为数据流方式，保持时间线上的帧的长度能够播放完整的音乐，而且将此音乐放置在一个场景中（数据流方式的声音不能跨越场景）。

（2）关于图片素材的使用与处理

① 首先，Flash 不是一个专业的图片处理软件，我们在动画中用到的图片可以从外部导入，也可以自己绘制，尽量使用自己绘制的图形，尽量使用矢量图形格式的图片。

② 如果用到的是导入的位图，一定要注意在放大的时候不要超过原始图片的大小（分辨率），否则会出现失真的现象，影响影片质量，建议在导入图片的时候，将图片导入到一图形元件中，这样可以进行更多的效果处理。

③ 在导入位图的时候尽量导入 JPEG/JPG 或 GIF、PNG 等压缩格式的图片，如果导入的是 BMP、TIFF 等无压缩的图片，一定要在发布设置中设置图片的压缩，否则影片的体积会比较大，影响影片的下载。

④ 有时候可以将导入的简单位图转化为矢量图来用。

（3）关于文本的使用与处理

① 为了使用多种文字变化的动画效果，可以将 MTV 中要用到的文字分别做成元件的形式（图形元件或 MC 元件）。

② 为了保证观众能够看到正确的字体，建议在制作文本元件的时候将输入好的文字打散为图形，这样可以保持文字的原形，但此方法不适合较粗的字体。

③ 如果要在 MTV 中处理文本与用户的交互，最好使用隐形按钮盖在文本上面，而不要把大量的文本做成按钮。

④ 尽量不要制作大量文本的动画。

（4）关于动画的制作

① 可以在 MTV 中使用任何一种动画，Motion、Shape、逐帧动画、ActionScript 动画等。

② 为了让动画与声音同步，需要预先计算好对应音乐播放长度需要的帧数，为此制作同等长度的动画。

③ 最好把不同的对象放置在不同的图层上来制作动画，尽量不要在同个图层放多个对象。

④ 如果在单位时间长度内要表现出复杂的动画，建议将这些动画制作成 MC 的方式放到主时间线上，在主时间线上延长相应的 MC 动画长度。

（5）MTV 的制作技巧

① 首先，准备好素材之后，就可以开始前期制作了，为了减少工作量，先将导入的音乐放到时间线上，设置为数据流的方式，然后拖动播放指针，记录下每一句歌词出现和结束时需要到达的帧数。

② 以歌词的出现和结束的帧长度作为动画的长度依据，这样可以达到歌词、动画与音乐同步，按照所记录的帧数来定义歌词显示和 MTV 动画的时间轴区域。

③ 把开始加入的音乐层删除，开始制作 MTV 中的动画内容（包含歌词的显示），最后再把音乐加上去，这样在每做完一个动画的时候进行测试影片时不必等待 Flash 处理声音的压缩，大大节省开发时间。

④ 为 MTV 添加预下载封面和结束画面，分别制作到单独的场景中，设置好相应的 AS 控制。

2. MTV 的逻辑结构

通常 MTV 都可设计为三层结构，即预下载封面、影片主体、结束画面。

① 预下载封面：为一个场景，主要包含最先显示的画面、下载检测进度条、播放影片的控制等。

② 影片主体：整个影片的内容（单个场景或多个场景），可以把它看作一个完整的对象，虽然可能不是做在同一个场景中的。

③ 结束画面：最后一个场景，通常放置重播控制、显示个人信息、版权说明等。

拓展训练

1. 上网搜集资料，制作一段 15 秒的关于保护环境的公益短片。

2. 多参考网上的 MTV 作品，用自己喜欢的歌曲制作一段 MTV 动画。可以尽量多地综合运用学过的知识，同时也要考虑到整体效果。

总结与回顾

本章通过 MTV 的制作，讲解了大型动画的制作过程、制作技巧和注意事项。一般制作一个大型动画，前期的准备工作是非常重要的，如剧本的编写、音乐和图片的采集和处理。在进行了充分的准备，设计好情节和人物以及场景的变换，各种素材准备完全之后，就可以动手制作动画作品了。在制作的过程中，由于所使用的元件众多、图层众多，所以要给元件和图层取一些能够代表其含义的名称，并对其进行分类管理，类似的放到相同的元件文件夹或者图层文件夹中，使作品结构清晰，元件查找方便。

项目相关习题

一、选择题

1. 要创建冰雕旋转并逐渐消失的动画，应该使用动画的哪种类型（　　）。

    A. 动画补间动画　　　　　　　　　　B. 形状补间动画

    C. 逐帧动画　　　　　　　　　　　　D. 引导线动画

2. 在 Flash Lite 中，使用什么方法可以把动画限定在特定的区域内（　　）。

    A. 利用引导层　　　　　　　　　　　B. 利用遮罩层

    C. 使用矩形工具　　　　　　　　　　D. 使用裁剪命令

3. 元件和与它相应的实例之间的关系是（　　）。

    A. 改变元件，则相应的实例一定会改变

    B. 改变元件，则相应的实例不一定会改变

    C. 改变实例，对相应的元件有一定的影响

    D. 改变实例，对相应的元件可能有影响

4. 将当前选中的关键帧转换为帧操作的操作是（　　）。

    A. 编辑/清除　　　　　　　　　　　　B. 文件/关闭

    C. 修改/时间轴/转换为空白关键帧　　D. 修改/时间轴/清除关键帧

二、操作题

制作一个简单的歌曲《两只老虎》的 MTV。

项目 12　动画的输出与发布

影片制作完毕后，可通过 Flash 的导出与发布功能来实现一个可以脱离 Flash 环境运行的动画文件。在发布动画之前通常要对动画效果进行测试，从而确保它能够尽可能流畅并按照期望的情况进行播放。当测试 Flash 影片运行无误后，就可以将其发布成最终的播放文件了。

 项目目标

● 了解动画的测试。
● 掌握动画的导出。
● 熟练掌握动画的发布设置。

任务 1　测试"绿色家园"动画

任务描述

对于制作好的影片，在发布之前应养成测试影片的好习惯。测试影片，可以确保影片播放的平滑，本例通过测试"绿色家园"动画，可以将影片完整地播放一次，通过直观地观看影片的效果，来检测动画是否达到了设计的要求。"绿色家园"动画的最终效果如 12-1 所示。

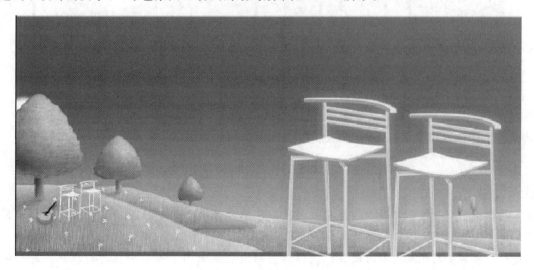

图 12-1　"绿色家园"效果图

任务目标与分析

许多 Flash 作品都是通过网络进行传送的，因此下载性能是非常重要的。在网络流媒体播放状态下，如果动画的所需数据在到达某帧时仍未下载，影片的播放将会出现停滞，因此在计划、设计和创建动画的同时要考虑到网络带宽的限制以及测试影片的下载性能。

操作步骤

① 打开"绿色家园.fla"文件。

② 选择"控制"→"测试影片"菜单命令（按【Ctrl＋Enter】组合键），打开影片测试界面，这个测试界面包括动画播放窗口和带宽特性显示窗口两个部分。

③ 在影片测试界面中选择"视图"→"带宽设置"菜单命令，弹出的带宽显示图，该显示图用来查看动画的下载性能，效果如图12-2所示。

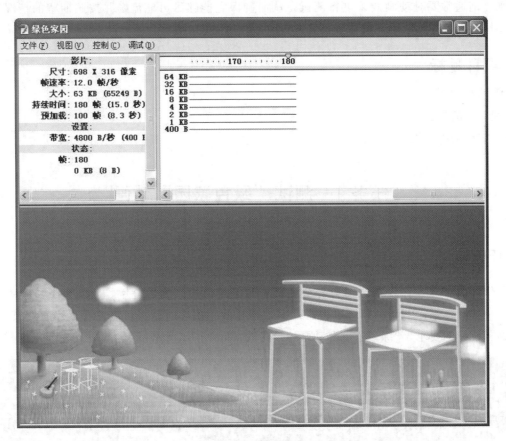

图 12-2　测试窗口

④ 测试完后关闭测试窗口，返回编辑窗口。

 相关知识

在带宽显示图中，左边窗口显示的是下载性能，包括动画大小、帧速度、文件大小、播放时间、预下载时间、带宽、当前帧大小、已加载比率等。

右边窗口顶部的标尺代表电影的回放，底部的条形图表显示了下载每一帧时的状态。每个色块代表一帧，单击其中的某个色块就可以了解该帧的属性。

当影片中某一帧的条形图超过红色水平线时，影片有可能中断或出现断断续续的情况，在打开一个新的动画文件时经常遇到这种情况，这是因为 Flash CS5 支持流技术，文件边下载边播放，而刚打的新影片的第 1 帧没有预先下载，所以会看到停顿或断断续续的情况。

任务 2　导出"绿色家园"影片

 任务描述

用 Flash CS5 制作的动画是 FLA 格式的，所以在动画制作完成后，需要将 FLA 格式的文件导出为 SWF 格式的文件（即扩展名为 .SWF，能被 Flash CS5 播放器播放的动画文件）。

任务目标与分析

在导出文件时，要将文件类型指定为 SWF 格式。

操作步骤

① 打开"绿色家园 .fla"文件。

② 单击"文件"→"导出"→"导出影片"命令，打开"导出影片"对话框，如图 12 - 3 所示。

图 12 - 3　"导出影片"对话框

③ 打开"导出影片"对话框中，在"文件名"列表中输入文件名为"绿色家园"，"文件类型"列表选择影片的类型为"SWF 影片（*.swf）"，单击"保存"按钮，将弹出"导出 SWF 影片"对话框，如图 12 - 4 所示。

图 12 - 4　"导出 SWF 影片"对话框

相关知识

在 Flash CS5 中导出影片，可以选择"文件"→"导出"命令，可将影片导出为供其他应用程序编辑的内容。它可以把当前的 Flash 动画的全部内容导出为 Flash 支持的任一文件格式。例如，可将整个影片导出为 Flash 影片（SWF）、单一的帧或图像文件、一组位图图像、不同格式的动态或静态图像，如 GIF、JPEG、PNG、BMP、AVI、QuickTime 等。影片的导出有两种方式，即导出影片和导出图像。

任务3　导出图像

任务描述

如果动画中某一帧的图像比较好，可以单独导出此图像。

任务目标与分析

选中某帧内容或者图像，导出为一种静止图像格式。

操作步骤

① 打开文件"绿色家园.fla"文件。
② 使用鼠标选中要输出的图像所在帧的位置，使此图像在页面中显示。
③ 单击"文件"→"导出"→"导出图像"命令，打开"导出图像"对话框。
④ 在打开的"导出图像"的对话框中，可以选择要输出的图像类型如 BMP、JPG、PNG 等，输入文件名，单击"确定"如图 12-5 所示。

图 12-5　"导出图像"对话框

小知识

PNG 是唯一支持透明度（Alpha 通道）的位图格式。

 相关知识

通过"文件"→"导出"→"导出图像"命令可以输出 Flash 中的图像。可以将当前帧内容或当前所选图像导出为一种静止图像格式，如 BMP、JPG、PNG 等。

① 导出为矢量图形文件时，可以保留其矢量信息并能够在其他基于矢量的绘画程序中编辑这些文件。

② 导出为位图文件时，矢量信息将丢失，仅以像素信息保存，能够在图像编辑器中以位图方式进行编辑，但不能在矢量绘图程序中编辑。

任务 4　发布"绿色家园 .fla"文件为 Flash 影片格式

◢ 任务描述

当我们测试完影片，确定动画没有错误时就可以将其发布为最终的 SWF 文件了。默认情况下使用"发布"命令可以创建 Flash SWF 播放影片并将 Flash 影片插入浏览器窗口中的 HTML 文件中。

🔗 任务目标与分析

打开测试好的文件，在"发布设置"中设置"Flash 选项卡"的各个参数。

🖱 操作步骤

① 打开需要发布的文件"绿色家园 .fla"，如图 12 - 6 所示。

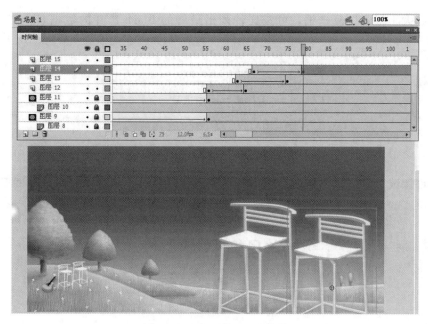

图 12 - 6 　打开的 Flash 文件

② 选择"文件"→"发布设置"命令，打开"发布设置"对话框，然后单击"Flash"选项卡，如图 12-7 所示。

③ 从"播放器"下拉列表中选择一种播放器版本，如图 12-8 所示。较低版本的 Flash 播放器可能不支持影片中某些功能。

④ 要控制位图压缩，可调整"JPEG 品质"滑块或输入一个值，图像品质越低，生成的文件就越小，设置如图 12-9 所示。

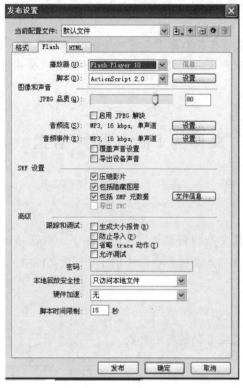

图 12-7 "Flash"选项卡

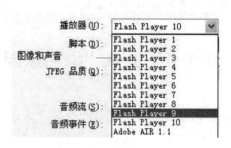

图 12-8 选择播放器版本

图 12-9 FPEG 品质

⑤ 选中"生成大小报告"复选框，可按文件列出最终的 Flash 影片的数据量生成一个报告，如图 12-10所示。

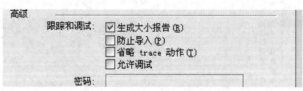

图 12-10 生成大小报告

⑥ 选中"允许调试"，则可在"密码"文本框中输入密码，防止未授权的用户调试 Flash 影片，如图 12-11 所示。

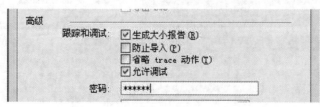

图 12-11 允许调试

⑦ 设置完成后，单击"确定"按钮则将影片按照前面的设置发布。图 12-12 所示为按照以上设置发布的 Flash 影片。

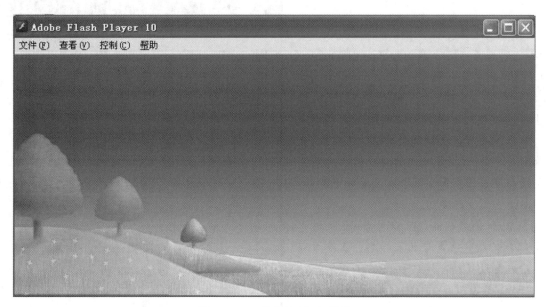

图 12-12　发布的 Flash 影片

 相关知识

选择"文件"→"发布设置"命令，打开"发布设置"对话框，进行发布参数的设置。默认的发布类型为 SWF 和 HTML。此 HTML 文档会将 Flash 的内容插入到浏览器窗口中。

1. "格式"选项卡设置

在"格式"选项卡的"类型"选项区中选择要发布的文件类型后，可在"发布设置"对话框中显示相应文件类型的标签。单击此标签可对其进行发布设置，如图 12-13 所示。

默认情况下，要发布的文件会发布到与源文件即 FLA 文件相同的位置。要更改文件的发布位置，请单击文件名旁边的 📁 按钮，然后选择要发布文件的目标位置。

单击 使用默认名称 按钮，Flash 影片的名称将作为导出文本框中输入导出文件的名称。

2. "Flash"选项卡设置

在"发布设置"对话框的"格式"选项卡下的"类型"选取中选择"Flash.swf"选项时，对话框中将显示 Flash 标签。单击此标签，将显示"Flash"选项卡，此选项卡中包括：播放器、脚本、图像和声音、SWF 设置、高级等选项卡，如图 12-14 所示。各项说明如下：

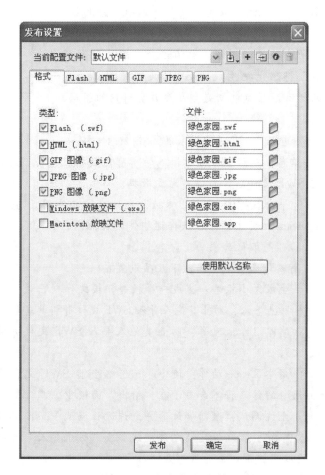

图 12-13　发布设置对话框

（1）"播放器"列表

"播放器"列表可以选择 Flash 播放器
版本。

（2）"脚本"列表

"脚本"列表可以选择 ActionScript 版本。

（3）"图像和声音"选项

"图像和声音"选项中包括以下几项设置：

① JPEG 品质：拖动该项右侧的滑块可以
调整影片中位图品质，通知位图压缩。值越大，
图像越清晰，文件所占空间也越大，压缩比越
小。若要使高度压缩 JPEG 图像线段更加平滑，
请选择"启用 JPEG 解决"。

② 音频流和音频事件：可以对 SWF 文件
中的所有声音流或事件声音的采样率、压缩方
式以及品质进行设置。

（4）"SWF 设置"

"SWF 设置"选项中包括以下几项设置：

① 压缩影片：（默认）压缩 SWF 文件以减
小文件大小和缩短下载时间。当文件包含大量
文本或 ActionScript 时，使用此选项十分有益。

② 包括隐藏图层：（默认）导出 Flash 文
档中所有隐藏的图层。取消选择"导出隐藏的
图层"将阻止把生成的 SWF 文件中标记为隐
藏的所有图层（包括嵌套在影片剪辑内的图层）
导出。

③ 包括 XMP 元数据：默认情况下，将在

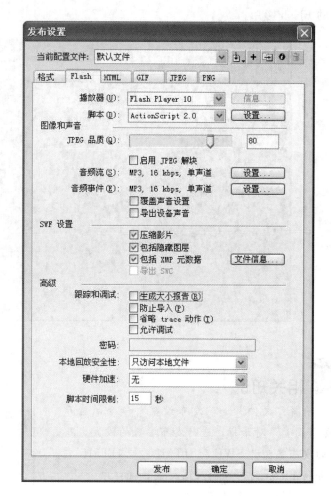

图 12-14　发布设置对话框中的"Flash"选项卡

"文件信息"对话框中导出输入的所有元数据。单击"文件信息"按钮打开此对话框。在 Adobe Bridge 中
选定 SWF 文件后，可以查看元数据。

④ 导出 SWC：导出".swc"文件，该文件用于分发组。".swc"文件包含一个编译剪辑、组件的
ActionScript 类文件，以及描述组件的其他文件。

（5）"高级"选项

"高级"选项中包括以下几项设置：

① 生成大小报告：生成一个报告，按文件列出最终 Flash 内容中的数据量。

② 防止导入：防止其他人导入 SWF 文件并将其转换回 FLA 文档。可使用密码来保护 Flash SWF 文件。

③ 省略 Trace 动作：防止其他人导入 SWF 文件并将其转换回 FLA 文档。可使用密码来保护 Flash
SWF 文件。

④ 省略 Trace 动作：使 Flash 忽略当前 SWF 文件中的 ActionScript trace 语句。如果选择此选项，
trace 语句的信息将不会显示在"输出"面板中。

⑤ 允许调试：激活调试器并允许远程调试 Flash SWF 文件。

⑥ "密码"：在选定"允许调试"或"防止导入"选项后，可以在"密码"文本字段中输入密码。防
止未授权用户调试或导入影片。

⑦ "本地播放安全性"：从"本地播放安全性"弹出菜单中，选择要使用的 Flash 安全模型，指定是

授予已发布的 SWF 文件本地安全性访问权，还是网络安全性访问权。

⑧ "硬件加速"：若要使 SWF 文件能够使用硬件加速，请从 "硬件加速" 菜单中选择下列选项之一：

● 第 1 级－直接："直接" 模式通过允许 Flash Player 在屏幕上直接绘制，而不是让浏览器进行绘制，从而改善播放性能。

● 第 2 级－GPU：在 "GPU" 模式中，Flash Player 利用图形卡的可用计算能力执行视频播放并对图层化图形进行复合。根据用户的图形硬件的不同，这将提供更高一级的性能优势。

⑨ "脚本时间限制"：若要设置脚本在 SWF 文件中执行时可占用的最大时间量，请在 "脚本时间限制" 中输入一个数值。Flash Player 将取消执行超出此限制的任何脚本。

3. "HTML" 选项卡设置

在 "发布设置" 对话框的 "格式" 选项卡下的 "类型" 选项区中选择 "HTML（.html）" 选项时，"发布设置" 对话框中将出现 HTML 标签。单击此标签，将显示 HTML 选项卡，如图 12-15 所示。在此选项卡中包括模板、尺寸、回放、品质、窗口模式已经缩放等选项，各项设置数码如下：

（1）"模板" 列表

"模板" 列表中用户可以选择影片中要使用的模板。然后单击右边的 "信息" 按钮以显示选定模板的说明，默认选项 "仅 Flash"。

（2）"尺寸" 列表

"尺寸" 列表中用户可以设置导出动画的尺寸。有三个 "尺寸" 选项：

① 匹配影片：（默认）使用 SWF 文件的大小。

② 像素：像素数量。

③ 百分比：指定 SWF 文件所占浏览器窗口的百分比。

③ "回放" 选项中包括以下几个选项设置：

● 开始时暂停：会一直暂停播放 SWF 文件，直到用户单击按钮或从快捷菜单中选择 "播放" 后才开始播放。（默认）不选中此选项，即加载内容后就立即开始播放。

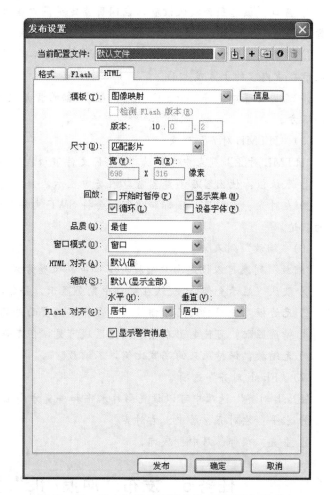

图 12-15　发布设置对话框中的 "HTML" 选项卡

● 循环：选中此项时，内容到达最后一帧后再重复播放。取消选择此选项会使内容在到达最后一帧后停止播放。（默认）情况下，参数处于启用状态。

● 显示菜单：选中此项后，在动画播放的窗口中单击鼠标右键，会显示一个快捷菜单可以显示一个快捷菜单，含有放大、缩小、显示全部等命令。默认情况下，会选中此选项。

● 设备字体：选中此选项后，可以使用系统字体替换用户系统上未安装的字体，仅限 Windows 环境。使用设备字体可提高较小字体的清晰度，并能减小 SWF 文件的大小。

（3）"品质" 列表

"品质" 列表中用户可以设置影片的保真级别，有以下 6 个选项：

① 低：低品质，不使用消除锯齿功能。

② 自动降低：自动调低音频质量。影片开始播放时，消除锯齿功能处于关闭状态。如果 Flash Player 检测到处理器可以处理消除锯齿功能，就会自动打开该功能。

③ 自动升高：自动调高音频质量。影片开始播放时，播放开始时，消除锯齿功能处于打开状态。如果实际帧频降到指定帧频之下，就会关闭消除锯齿功能以提高播放速度。

④ 中等：影片播放时会应用一些消除锯齿功能，但并不会平滑位图。

⑤ 高：高品质，并始终使用消除锯齿功能。

⑥ 最佳：提供最佳影片品质。所有的输出都已消除锯齿，而且始终对位图进行光滑处理。

（4）"窗口模式"列表

① 窗口：该选项为默认设置，在网页指定范围内播放影片，通常会得到较佳的影片效果。Flash 内容的背景不透明并使用 HTML 背景色。HTML 代码无法呈现在 Flash 内容的上方或下方。

② 不透明无窗口：将 Flash 内容的背景设置为不透明，并遮蔽该内容下面的所有内容。使 HTML 内容显示在该内容的上方或上面。

③ 透明无窗口：将 Flash Professional 内容的背景设置为透明，并使 HTML 内容显示在该内容的上方和下方。

（5）"HTML 对齐"列表

"HTML 对齐"列表中可以选择 SWF 文件窗口在浏览器窗口中的位置，有以下几个选项：

① 默认值：使内容在浏览器窗口内居中显示，如果浏览器窗口小于应用程序，则会裁剪边缘。

② 左对齐、右对齐、底部和顶部：会将 SWF 文件与浏览器窗口的相应边缘对齐，并根据需要裁剪其余的三边。

（6）"缩放"列表

"缩放"列表可以设定影片缩放在窗口中的位置方式，有以下几个"缩放"选项：

① 默认（显示全部）：默认在窗口中完全显示，并保持原来的高宽比例。

② 无边框：使用原始尺寸播放，并舍弃超过页面外的部分影片。

③ 精确匹配：可使电影在整个指定区域可见，但不保持原始高宽比，因此可能会发生扭曲。

④ 无缩放：保持原来的高宽比例，不缩放。

（7）"Flash 对齐"选项

"Flash 对齐"选项中可以设置影片水平和垂直方向上的对齐方式。

① 水平：左对齐、居中、右对齐。

② 垂直：顶部、居中、底部。

任务5　发布"冲浪. fla"文件为 GIF 格式文件

◣ 任务描述

网上很多小动画都是 GIF 格式。GIF 分为静态 GIF 和动画 GIF 两种，支持透明背景图像，"体型"很小，下载速度快，是网络上最常用的动态图片格式。本任务以动态 GIF 文件为例，讲解"GIF 选项卡"的各个参数的设置。

✎ 任务目标与分析

打开测试好的文件，在"发布设置"对话框中的"格式"选项卡中选中"GIF 图像"，在"GIF"选项卡中进行相关参数的设置

操作步骤

① 打开"冲浪.fla"影片，如图 12-16 所示。

图 12-16 发布前的动画

② 选择"文件"→"发布设置"命令，打开"发布设置"对话框。

③ 单击"格式"，然后选择"GIF 图像"时，对话框中将出现 GIF 标签。在"文件"中为即将输出的文件命名，本例使用默认名称。

④ 单击"GIF"选项卡，显示它的设置，如图 12-17 所示。

⑤ 在"尺寸"文本框中输入"750×400"或者选择"匹配影片"，如图 12-18 所示。

⑥ 选择"回放"选项为"动画""不断循环"，如图 12-19 所示。

⑦ 选择一个"选项"，用来指定导出的 GIF 的外观设置范围，如图 12-20 所示。

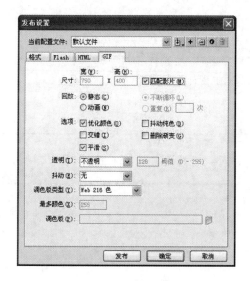

图 12-17 GIF 选项卡

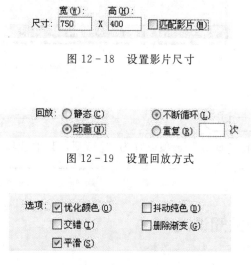

图 12-18 设置影片尺寸

图 12-19 设置回放方式

图 12-20 选项

⑧ 选择一种"透明"选项，以确定影片背景的透明度以及将 Alpha 设置转换为 GIF 的方式，如图 12－21所示。

⑨ 选择一种"抖动"选项，指定可用颜色的像素如何混合以模拟当前调色板中不同的颜色，如图 12－22所示。

⑩ 选择"调色板类型"为"最合适"，如图 12－23 所示。

图 12－21 透明　　　　图 12－22 抖动　　　　图 12－23 调色板

⑪ 在"最多颜色"输入"255"，可设置 GIF 图像中使用的颜色数量。

⑫ 单击"发布"按钮，将文件发布为 GIF 文件，效果如图 12－24 所示。

图 12－24 发布的 GIF 文件

试一试

将"回放"选项设置为"静态"，其他选项不变，看一看效果有什么不同？

相关知识

1. "GIF"选项卡设置

使用 GIF 文件可导出绘画和简单动画，以供用户在网页中使用。标准 GIF 文件是一种压缩位图。

GIF 动画文件提供了一种简单的方法来导出简短的动画序列。Flash 可以优化 GIF 动画文件，并且只存储逐帧更改。选择"文件"—"发布设置"，单击"格式"，然后选择"GIF 图像"时，对话框中将出现 GIF 标签。单击此标签，将显示 GIF 选项卡，在此选项卡中用户可以设置尺寸、回放、选项、透明、抖动以及调色板类型等选项，如图 12 - 25 所示。

（1）"尺寸"

输入导出的位图图像的宽度和高度值（以像素为单位），或者选择"匹配影片"使 GIF 和 SWF 文件大小相同并保持原始图像的高宽比。

（2）"回放"

确定 Flash 创建的是静止（"静态"）图像还是 GIF 动画（"动画"）。如果选择"动画"，可选择"不断循环"或输入重复次数。

（3）"选项"

① 优化颜色：从 GIF 文件的颜色表中删除任何未使用的颜色。该选项可减小文件大小，而不会影响图像质量，只是稍稍提高了内存要求。该选项不会影响最适色彩调色板。

② 交错：下载导出的 GIF 文件时，在浏览器中逐步显示该文件，使用户在文件完全下载

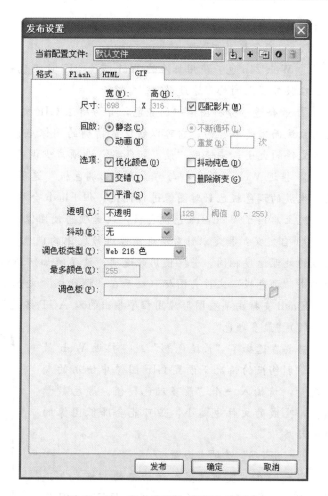

图 12 - 25　发布设置的"GIF"选项卡

之前就能看到基本的图形内容，并能在网络连接较慢的情况下以更快的速度下载文件。

③ 平滑：向导出的位图应用消除锯齿功能，以生成品质更高的位图图像，并改善文本的显示品质。但是，平滑可能会导致彩色背景上已消除锯齿的图像周围出现灰色像素的光晕，并且会增加 GIF 文件的大小。如果出现光晕，或者如果要将透明的 GIF 放置在彩色背景上，则在导出图像时不要使用平滑操作。

④ 抖动纯色：将抖动应用于纯色和渐变色。

⑤ 删除渐变：默认状态为关闭。使用渐变中的第一种颜色将 SWF 文件中的所有渐变填充转换为纯色。渐变会增加 GIF 文件的大小，而且通常品质欠佳。为了防止出现意想不到的结果，在使用该选项时小心选择渐变色的第一种颜色。

（4）"透明"

① 不透明：使背景成为纯色。

② 透明：使背景透明。

③ Alpha：设置局部透明度，输入一个介于 0 到 255 的阈值。值越低，透明度越高。值 128 对应 50% 的透明度。

（5）"抖动"

① 无：关闭抖动，并用基本颜色表中最接近指定颜色的纯色替代该表中没有的颜色。如果关闭抖动，则产生的文件较小，但颜色不能令人满意。

② 有序：提供高品质的抖动，同时文件大小的增长幅度也最小。

③ 扩散：提供最佳品质的抖动，但会增加文件大小并延长处理时间。只有选择"Web 216 色"调色

板时才起作用。

（6）"调色板类型"

① Web 216 色：使用标准的 Web 安全 216 色调色板来创建 GIF 图像，这样会获得较好的图像品质，并且在服务器上的处理速度最快。

② 最合适：分析图像中的颜色，并为所选 GIF 文件创建一个唯一的颜色表。对于显示成千上万种颜色的系统而言是最佳的；它可以创建最精确的图像颜色，但会增加文件大小。要利用最合适调色板减小 GIF 文件的大小，请使用"最大颜色数"选项减少调色板中的颜色数量。

③ 接近 Web 最适色：与"最适色彩调色板"选项相同，但是会将接近的颜色转换为 Web 216 色调色板。生成的调色板已针对图像进行优化，但 Flash 会尽可能使用 Web 216 色调色板中的颜色。如果在 256 色系统上启用了 Web 216 色调色板，此选项将使图像的颜色更出色。

④ 自定义：指定以针对所选图像进行优化的调色板。自定义调色板的处理速度与"Web 216 色"调色板的处理速度相同。若要使用此选项，请了解如何创建和使用自定义调色板。若要选择自定义调色板，请单击"调色板"文件夹图标（显示在"调色板"文本字段末尾的文件夹图标），然后选择一个调色板文件。Flash 支持由某些图形应用程序导出的以 ACT 格式保存的调色板。

（7）"最多颜色"

若要在选择了"最适色彩"或"接近 Web 最适色"调色板的情况下设置 GIF 图像中使用的颜色数量，请输入一个"最多颜色"值。颜色数量越少，生成的文件也越小，但可能会降低图像的颜色品质。

2. "JPEG"选项卡设置

当我们在"发布设置"对话框的"格式"选项卡下的"类型"选区中选择"JPEG"图像（.jpg）选项时，对话框中将出现 JPEG 标签。单击此标签，将显示如图 12-26 所示选项卡，在此选项卡中用户可以设置尺寸、品质以及渐进等选项。

3. 预览发布格式和设置

"发布预览"命令会导出文件，并在默认浏览器上打开预览。如果预览 QuickTime 视频，则"发布预览"会启动 QuickTime 视频播放器。如果预览放映文件，Flash 会启动该放映文件。

选择"文件"→"发布预览"，然后选择要预览的文件格式。Flash 使用当前的"发布设置"值，在 FLA 文件所在处创建一个指定类型的文件。

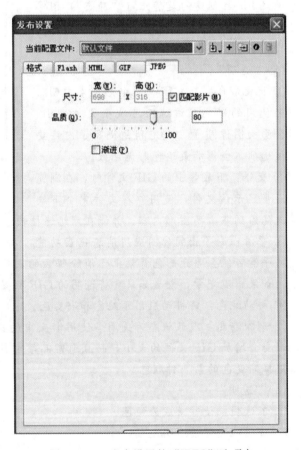

图 12-26 发布设置的"JPEG"选项卡

总结与回顾

本项目详细介绍了 Flash 动画的发布设置。通过对不同格式的相应参数进行设置，可将 Flash 影片发布为不同的格式，在发布前还可以进行预览。通过本项目的学习，学习者可将制作完毕的 Flash 影片按照需要进行优化设置及发布，成为一个最终完成的作品。

项目相关习题

一、选择题

1. 下面关于发布 Flash 电影的说法错误的是（　　）。

A. 发布 Flash 内容主要的文件格式是 .swf 格式

B. Flash 的发布功能是为了在网上演示动画

C. Flash player 文件格式是一个不开放标准，今后不会获得更多应用程序支持

D. 可以将整个电影导出为 Flash Player 电影或位图图像系列，还可以是单帧或图像

2. 导出影片的快捷键是（　　）。

A. Ctrl＋S　　　　　　　　　　B. Ctrl＋Shift＋S

C. Ctrl＋R　　　　　　　　　　D. Ctrl＋Alt＋Shift＋S

3. 测试动画的快捷键是（　　）。

A. Ctrl＋Enter　　　　　　　　B. Ctrl＋R

C. Ctrl＋E　　　　　　　　　　D. Ctrl＋F12

4. 发布 Flash 动画文档时，可以在"发布设置"对话框中设置（　　）。

A. 发布的文档格式　　　　　　B. 文档加载顺序

C. 音频声道的选择　　　　　　D. 影片的尺寸大小

5. 在 Flash 中可以导出的视频格式有哪些选项（　　）。

A. SWF　　　　　　　　　　　B. AVI

C. MOV　　　　　　　　　　　D. WAV

二、填空题

1. 测试 Flash 动画既可以测试单独场景的下载性能，也可以_____。

2. 选择_____菜单命令即可打开"发布设置"对话框，在该对话框中设置发布作品的格式。

3. 选择_____菜单命令可以预览发布的动画效果。

4. 若要按默认的格式和设置进行发布，可直接选择_____菜单命令或者按_____键。

5. Flash 动画最主要的输出格式是 Flash Player 播放器格式，即_____格式。

三、操作题

1. 对制作好的动画，测试下载性能，并将其发布为 Flash 文件格式。

2. 按照本项目阐述的方法，分别将一个动画文件输出为 GIF 的单帧文件和 GIF 的动画文件。